W0219030

Inhalt

Rechnen mit Zahlen und Größen

Hilfsmittelfreies Rechnen mit natürlichen und rationalen Zahlen

1 Ergänzen Sie die folgende Tabelle:

	x	y	$x+y$	$x-y$	$y-x$	$\lvert x\rvert-\lvert y\rvert$	$(x+y)^2$	$(x-y)^2$	$x \cdot y$	$x:y$	$\frac{1}{x}\cdot\frac{1}{y}$	$3x^2-y$
a)	2	5										
b)	-6	5										
c)	-12	-7										
d)	-8	0										
e)	0	1										
f)		-2	6									
g)			12	8								
h)			-1		-7							
i)	$\frac{1}{2}$	$\frac{1}{4}$										
j)	$-0{,}4$	1,6										
k)	3	$\frac{1}{3}$										
l)	0,6	-5										
m)	$(-1)^9$	$(-1)^8$										
n)	$\left(-\frac{1}{3}\right)^2$	$\frac{1}{2}$										

2 Ermitteln Sie die Lösungen der Gleichungen in den angegebenen Zahlenbereichen:

	Gleichung	Lösungsmenge in			
		$\mathbb{N}$	$\mathbb{Q}_+$	$\mathbb{Z}$	$\mathbb{Q}$
a)	$x-2=9$				
b)	$x+9=2$				
c)	$3x+2=9$				
d)	$3x+2=-10$				
e)	$5x=0$				
f)	$\lvert x+2\rvert=9$				
g)	$\lvert x-2\rvert=9$				
h)	$x^2=6{,}25$				
i)	$x^3=-8$				

3 Überprüfen Sie die Richtigkeit der folgenden Aussagen:

a) $\frac{1}{10} < -7{,}1$

b) $|-\frac{1}{5}| < |\frac{1}{10}|$

c) $-\frac{3}{2} < -\frac{1}{2} < -\frac{2}{3} < |-\frac{1}{2}| < \frac{1}{4}$

d) $|x| < 1$ ist gleichbedeutend mit $-1 \le x \le 1$

e) $\frac{1}{|x|} \ge \frac{1}{x}$, wenn $x \ne 0$

f) $\frac{n}{3} \ge \frac{n}{4}$ für $n \in \mathbb{N}$

g) $-\frac{1}{20} > -\frac{1}{200}$

h) $\frac{315}{b+1} > \frac{315}{b+2}$ $(b \in \mathbb{Q}; b > -1)$

i) $\frac{3}{x} > 1$ $(x \in \mathbb{Q})$ gilt nur, wenn $0 < x < 1$ ist.

j) $\frac{1}{n} > \frac{1}{n-1}$; $n > 1$; $n \in \mathbb{N}$

k) $100{,}1 < \frac{10010}{100}$

l) $(n+1)(n-1) > n^2$ für $n \in \mathbb{N}$

4 Lösen Sie die folgenden Aufgaben im Kopf:

a) $\frac{4}{5} \cdot \frac{10}{11} =$ $\quad \frac{3}{7} \cdot \frac{14}{17} =$ $\quad 1\frac{1}{3} \cdot 3 =$

b) $\frac{1}{2} : \frac{3}{4} =$ $\quad \frac{3}{4} : \frac{9}{2} =$ $\quad 4 : \frac{2}{7} =$

c) $1{,}01 \cdot 14 =$ $\quad -5 \cdot 0{,}15 =$ $\quad 3{,}6 \cdot (-1{,}5) =$

d) $1 + \frac{1}{3} \cdot 3 =$ $\quad 2 - \frac{5}{7} : \frac{5}{7} =$ $\quad \left(2 - \frac{5}{7}\right) : \frac{5}{7} =$

e) $\frac{3}{8} \cdot \frac{4}{9} + 2 =$ $\quad 3 - \frac{6}{7} \cdot \frac{11}{3} : \frac{22}{7} =$ $\quad 4 - \frac{9}{4} + 0{,}75 - 2\frac{1}{2} =$

f) $8{,}016 : 8 =$ $\quad 8{,}016 : 0{,}8 =$ $\quad 8{,}016 : 80 =$

g) $\frac{1}{12}$ von $900 =$ $\quad \frac{3}{4}$ von $-300 =$ $\quad \frac{1}{2}$ von $2\frac{1}{2} =$

h) $\frac{4}{5}$ von $25 =$ $\quad \frac{7}{4}$ von $-32 =$ $\quad \left(\frac{7}{5}\right)^2 =$

i) $\left(\frac{13}{14}\right)^2 =$ $\quad \left(-\frac{2}{3}\right)^2 =$ $\quad \left(2\frac{1}{3}\right)^2 =$

5 Schätzen Sie die Ergebnisse folgender Aufgaben durch eine Überschlagsrechnung ab:

a) $0{,}52 \cdot 12{,}76 \approx$ $\quad \frac{43{,}72 + 7{,}93}{7{,}02} \approx$ $\quad \frac{2}{3}$ von $948 \approx$

b) $\left(\frac{3}{7}\right)^2 \approx$ $\quad \sqrt{72} \approx$ $\quad \frac{1}{\sqrt{72}} \approx$

c) $\frac{3}{7}$ von $2\,198 \approx$ $\quad \left(\frac{8}{17}\right)^3 \approx$ $\quad \sqrt{48} \approx$

d) $\frac{1}{\sqrt{48}} \approx$ $\quad 16{,}8 : 0{,}93 =$ $\quad 87{,}62 - 134{,}9 + 18{,}7 \approx$

e) $\frac{172{,}6 - 48{,}8}{96 + 26{,}2} \approx$ $\quad \frac{4}{7}$ von $27{,}6 \approx$ $\quad \sqrt{\frac{147}{17{,}2}} \approx$

6 Vervollständigen Sie die nachstehende Tabelle „bequemer" Prozentsätze:

gemeiner Bruch	$\frac{1}{2}$			$\frac{1}{3}$			$\frac{3}{2}$			2
Dezimalbruch		0,75			0,1			0,05		
Prozentsatz			20 %			66,$\overline{6}$ %			1 %	

7 Berechnen Sie jeweils den Prozentwert:

a) 2 % von 500 €; $\quad$ 30 % von 48 cm; $\quad$ 19 % von 0,7 hl

b) 17,3 % von 400 kg; $\quad$ 0,2 % von 400 dt; $\quad$ 12,5 % von 480 €

c) 250 % von 17 km; $\quad$ 300 % von 1 700 cm^2; $\quad$ 0,01 % von 500 g

d) $66\frac{2}{3}$ % von 27 *l*; $\quad$ 0,8 % von 600 m^2; $\quad$ 120 % von 10,5 t

8 Berechnen Sie jeweils den Prozentsatz:

a) 10 € von 1 000 €;	120 cm von 600 cm;	20 cm von 28 cm
b) 98 cm von 200 cm;	720 cm von 600 cm;	23 cm von 50 cm
c) 10 € von 125 €;	10 € von 8 €;	120 cm von 960 cm
d) 137 € von 1 000 000 €;	4,7 m^2 von 188 m^2;	0,8 m^2 von 16 m^2
e) 1,44 m^2 von 16 m^2;	168 kg von 1 008 kg;	1,2 t von 18 t

9 Berechnen Sie jeweils den Grundwert:

a) 10 % sind 69 €;	40 % sind 24 €;	4 % sind 4,36 ha
b) 80 % sind 68,85 km;	15 % sind 223,5 *l*;	2 % sind 17,8 m
c) 120 % sind 4 900 €;	750 % sind 80 t;	0,2 % sind 42 h
d) 100,1 % sind 44,4 hl;	12,5 % sind 1,2 km;	25 % sind 42 m^2
e) $33\frac{1}{3}$ % sind 7,4 m^2;	280 % sind 2 800 €;	0,05 % sind 4 a

10 In einer Fabrik wurden bislang 1 600 Einheiten eines bestimmten Artikels hergestellt. Berechnen Sie die Anzahl der hergestellten Artikel, wenn

a) die Produktion um 4 % (7 %, 12 %) vergrößert wird;
b) auf 125 % (103 %, 116 %) erhöht wird;
c) auf 75 % (80 %, 95 %) reduziert wird;
d) um 15 % (2 %, 12,5 %) reduziert wird;
e) zuerst um 10 % (1 %, 12,5 %) erhöht und anschließend um 10 % (bzw. 1 %, 12,5 %) verringert wird;
f) zuerst um 10 % (1 %, 12,5 %) verringert und anschließend um 10 % (bzw. 1 %, 12,5 %) erhöht wird;
g) zweimal nacheinander um jeweils 10 % erhöht und anschließend in einem Schritt um 20 % verringert wird;
h) zuerst auf drei Viertel reduziert und anschließend um ein Viertel erhöht wird.

11 Im folgenden Schaubild sind fünf Zuordnungen eingezeichnet.
Finden Sie die Proportionlitäten und umgekehrten Proportionalitäten heraus. Geben Sie deren Zuordnungsvorschriften an:

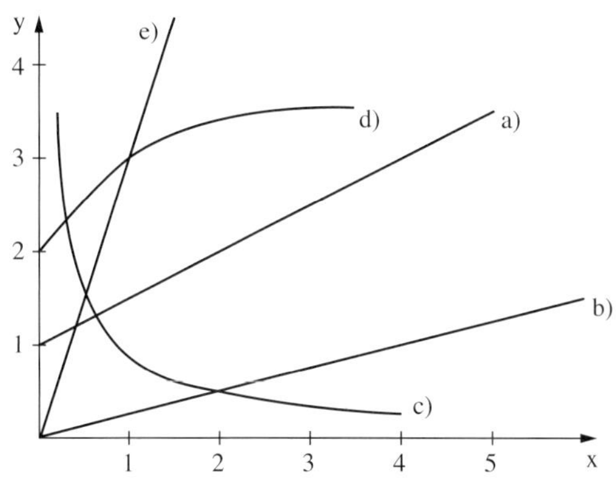

12 Lösen Sie die folgenden Gleichungen. Grundbereich sei die Menge der gebrochenen Zahlen:

a) $\frac{x}{22} = \frac{19}{38}$	$\frac{x}{12,5} = \frac{6,25}{2,5}$	$\frac{16}{x} = \frac{1,2}{1,5}$
b) $\frac{63}{81} = \frac{70}{x}$	$\frac{19}{x} = \frac{24}{12}$	$\frac{66}{99} = \frac{x}{42}$
c) $\frac{0,2}{x} = \frac{400}{20}$	$\frac{0,4}{0,5} = \frac{x}{120}$	$\frac{x}{27,8} = \frac{3}{2}$
d) $\frac{0,071}{x} = \frac{0,026}{0,13}$	$\frac{3^2}{1,8} = \frac{x}{24}$	$\frac{16}{\sqrt{64}} = \frac{-3}{2x}$
e) $\frac{0,24}{x} = \sqrt{\frac{1,44}{625}}$	$\frac{2^3}{0,4} = \frac{-100}{x}$	$\left(\frac{1}{2}\right)^2 \cdot \sqrt[3]{216} = \frac{x}{5}$

13 Berechnen Sie für die angegebenen Maßstäbe in den folgenden Tabellen die fehlenden Größen:

a) Maßstab 1 : 50 000

Länge auf der Karte	1 cm	4 cm	9 cm	1,5 cm	6,5 cm	8,1 cm		
Länge in Wirklichkeit							5 km	7,2 km

b) Maßstab 1 : 200 000

Länge auf der Karte	1 cm	2,5 cm	11 cm					120 cm
Länge in Wirklichkeit				40 km	100 km	8 km	500 m	

c) Maßstab 250 : 1

Größe des Originals			0,1 km	0,25 km	125 m	50 m	625 m	
Größe des Bildes	1 cm	3 cm						2 m

14 Schreiben Sie als Produkt mit einer Zehnerpotenz in der Form $a \cdot 10^b$. Die Zahl a soll eine Stelle vor dem Komma haben:

a) 700 =   368 000 =   0,68 =
b) 0,004176 =   70 800 000 000 =   0,00999 =
c) 0,000431 =   6,289 =   3 910 =
d) 0,000792 =   17,4 =   4 270 =
e) 0,12 =   692 000 =   0,000072 =

15 Schreiben Sie die folgenden Angaben in Form eines Dezimalbruchs:

a) Wellenlänge des blauen Lichts: $4{,}8 \cdot 10^{-7}$ m
b) Landfläche auf der Erde: $1{,}48 \cdot 10^{8}$ km²
c) Dauer eines Blitzes: $2 \cdot 10^{-4}$ s
d) Durchmesser von Darmbakterien: $1{,}5 \cdot 10^{-2}$ mm
e) Siedetemperatur von Silizium: $2{,}63 \cdot 10^{3}$ °C
f) Weinbergschnecke, Weg pro Std.: $3{,}2 \cdot 10^{-3}$ km

16 Rechnen Sie die folgenden Größen jeweils in die nächstkleinere Einheit um:

a) 50 kg =   17 m = $0{,}17\ \text{m}^2$ =
b) $42{,}5\ \text{dm}^3$ =   0,5 h =   40 dt =
c) 7 hl =   14 ha =   0,08 cm =
d) $0{,}0007\ \text{km}^3$ =   0,12 kg =   18,4 km =
e) 0,2 g = $20\ \frac{\text{km}}{\text{h}}$ =   0,24 kWh =

17 Rechnen Sie die folgenden Größen jeweils in die nächstgrößere Einheit um:

a) 84 kg =   73 m = $0{,}42\ \text{m}^2$ =
b) $75{,}8\ \text{dm}^3$ =   75 min =   37 dt =
c) 8 *l* =   31 ha =   0,03 cm =
d) $0{,}72\ \text{cm}^3$ =   200 mg = $12\ \frac{\text{m}}{\text{s}}$ =
e) 12 800 g =   140 *l* =   960 s =

18 Rechnen Sie die folgenden Größen jeweils in die angegebenen Einheiten um:

a) 81,3 kg =	mg	19 ha =	m²	13,5 hl =	dm³
b) 10^{-9} m =	mm	10^{-6} m =	cm	25 *l* =	cm³
c) 1,5 h =	s	0,07 t =	g	870 cm² =	m²
d) 5 000 000 mm³ =	m³	180 h =	d	140 000 mg =	kg
e) 400 min =	h	$72\ \frac{\text{km}}{\text{h}}$ =	$\frac{\text{m}}{\text{s}}$	0,05 *l* =	cl

Rechnen mit rationalen und nichtrationalen Zahlen

1 Vergleichen Sie die nachfolgenden gemeinen Brüche. Setzen Sie jeweils das richtige Relationszeichen (>, < oder =) ein:

a) $\frac{7}{4} \square \frac{2}{3}$ b) $\frac{7}{18} \square \frac{5}{12}$ c) $\frac{7}{9} \square \frac{3}{4}$ d) $\frac{4}{3} \square \frac{7}{5}$ e) $\frac{15}{35} \square \frac{8}{14}$

f) $\frac{7}{8} \square \frac{5}{6}$ g) $\frac{13}{20} \square \frac{9}{14}$ h) $\frac{8}{30} \square \frac{12}{45}$ i) $\frac{8}{30} \square \frac{5}{18}$ j) $\frac{11}{24} \square \frac{7}{18}$

2 Ordnen Sie die nachfolgenden Brüche bzw. ganzen Zahlen der Größe nach. Beginnen Sie mit der kleinsten Zahl:

$\frac{9}{16}$; 1; $\frac{5}{64}$; $\frac{12}{16}$; $\frac{10}{32}$; 2; $\frac{7}{4}$; $\frac{1}{2}$; $\frac{60}{64}$; $1\frac{1}{8}$; $\frac{18}{32}$; $\frac{5}{16}$

3 Lösen Sie die folgenden Aufgaben in $\mathbb{Q}_+$ und geben Sie die Resultate jeweils in Form gekürzter Brüche an:

a) $\frac{2}{3} + \frac{3}{4} =$ b) $\frac{4}{5} + \frac{8}{12} =$ c) $\frac{8}{9} - \frac{5}{6} -$ d) $\frac{3}{8} - \frac{5}{12} =$ e) $\frac{15}{8} \cdot \frac{10}{12} =$

f) $\frac{14}{9} \cdot \frac{21}{8} =$ g) $\frac{4}{9} : \frac{8}{18} =$ h) $\frac{12}{15} : \frac{10}{7} =$ i) $\frac{25}{21} : \frac{10}{28} =$ j) $\frac{12}{21} \cdot \frac{56}{144} : \frac{20}{45} =$

4 Ergänzen Sie die folgenden Gleichungen so, dass wahre Aussagen entstehen:

a) $\frac{3}{2} - \square = \frac{1}{4}$ b) $\frac{5}{6} + \square = \frac{11}{12}$ c) $\frac{4}{5} \cdot \square = \frac{6}{5}$ d) $\square - \frac{3}{5} = \frac{17}{30}$

e) $\frac{3}{8} + \square = \frac{11}{20}$ f) $\square + \frac{2}{9} = \frac{10}{21}$ g) $\square \cdot \frac{25}{12} = \frac{5}{3}$ h) $\frac{9}{16} - \square = \frac{7}{12}$

i) $\square : \frac{20}{7} = \frac{3}{4}$ j) $\square + \frac{5}{12} = \frac{13}{18}$

5 Bestimmen Sie für die folgenden gemeinen Brüche jeweils die beiden natürlichen Zahlen, zwischen denen der Bruch liegt:

a) $\square < \frac{4}{5} < \square$ b) $\square < \frac{13}{6} < \square$ c) $\square < 1\frac{2}{3} < \square$ d) $\square < \frac{16}{4} < \square$

e) $\square < 6\frac{8}{4} < \square$ f) $\square < \frac{1}{84} < \square$ g) $\square < \frac{39}{2} < \square$ h) $\square < \frac{7}{11} < \square$

i) $\square < 1\frac{1}{4} < \square$ j) $\square < \frac{31}{20} < \square$

6 Schreiben Sie die nachfolgenden gemeinen Brüche und gemischten Zahlen in Form von Dezimalbrüchen:

a) $\frac{19}{50} =$ b) $\frac{7}{5} =$ c) $\frac{17}{20} =$ d) $\frac{13}{25} =$ e) $\frac{3}{8} =$

f) $2\frac{4}{5} =$ g) $\frac{57}{25} =$ h) $\frac{4}{9} =$ i) $\frac{14}{9} =$ j) $\frac{4}{6} =$

k) $6\frac{3}{4} =$ l) $\frac{27}{32} =$ m) $\frac{81}{3} =$ n) $\frac{82}{3} =$ o) $\frac{37}{18} =$

7 Schreiben Sie die folgenden Dezimalbrüche als gemeine Brüche mit möglichst kleinem Nenner und gegebenenfalls als gemischte Zahlen:

a) 0,4 = b) 0,64 = c) 3,12 = d) 4,44 = e) 1,52 =

f) 7,2 = g) 0,54 = h) 3,65 = i) 2,008 = j) 0,0072 =

8 Geben Sie die Ergebnisse folgender Aufgaben sowohl als Dezimalbrüche wie auch als gemeine Brüche an:

a) $5-\left(\frac{4}{3}+1\right)=$ $\quad\left(\frac{1}{4}+\frac{3}{4}\right)\cdot\frac{3}{2}=$ $\quad\left(2-\frac{1}{2}\right)\cdot\frac{2}{1}=$

b) $\left(\frac{17}{6}-\frac{13}{6}\right):\frac{2}{3}=$ $\quad\left(0{,}4+\frac{6}{5}\right)\cdot 0{,}1=$ $\quad 5-\frac{1}{8}+\frac{3}{8}+\frac{3}{4}=$

c) $\left(3{,}5-\frac{6}{12}\right)\cdot\left(\frac{4}{13}-\frac{8}{26}\right)=$ $\quad\left(\frac{2}{17}+\frac{17}{3}\right):\frac{0}{14}=$ $\quad\left(\frac{3}{4}+\frac{1}{3}\right)\cdot\frac{12}{13}=$

d) $\dfrac{4{,}7-\frac{1}{2}+\frac{9}{4}}{\frac{1}{3}}=$ $\quad\dfrac{\frac{16}{21}}{\frac{8}{3}}=$ $\quad(15{,}8+3{,}7):\frac{4}{11}-0{,}8\cdot\frac{3}{15}=$

e) $\frac{3}{4}\cdot\frac{11}{6}+2{,}8:\frac{7}{2}=$ $\quad\frac{17}{32}+0{,}25:\frac{4}{7}=$ $\quad 11{,}2-\frac{5}{8}+\frac{3}{4}:\frac{1}{2}+2{,}4\cdot 0{,}3=$

f) $3\cdot\dfrac{11{,}4-\frac{17}{3}}{\frac{3}{9}}=$ $\quad\dfrac{\frac{24}{48}}{\frac{16}{121}}=$ $\quad\dfrac{2\frac{3}{5}-1{,}8}{1{,}8-2\frac{3}{5}}\cdot\frac{3}{5}=$

9 Lösen Sie die folgenden Aufgaben im Kopf. Nutzen Sie Rechenvorteile:

a) $\frac{4}{7}-\frac{1}{6}+\frac{3}{18}+\frac{3}{7}+\frac{5}{6}=$ $\quad\left(\frac{4}{5}+\frac{3}{2}\right)+\frac{1}{5}=$ $\quad\left(\frac{17}{3}+\frac{1}{5}\right)+\left(\frac{13}{3}+\frac{9}{5}\right)=$

b) $\left(\frac{17}{3}\cdot\frac{1}{5}\right)\cdot\frac{5}{17}=$ $\quad\left(\frac{3}{7}\cdot\frac{9}{21}\right)+\left(\frac{3}{7}\cdot\frac{12}{21}\right)=$ $\quad\left(\frac{13}{9}+\frac{4}{17}-\frac{6}{83}\right)\cdot\frac{0}{54}=$

c) $\frac{14}{11}\cdot\frac{7}{9}:\frac{0}{16}=$ $\quad\left(1{,}2+\frac{4}{19}\right)+0{,}8=$ $\quad\left(\frac{4}{9}\cdot 0{,}17\right)\cdot\frac{9}{2}=$

d) $\left(\frac{4}{9}\cdot 0{,}13\right)+\left(0{,}13\cdot\frac{5}{9}\right)=$ $\quad\frac{12}{7}\cdot\frac{3}{8}:\frac{12}{7}\cdot\frac{4}{3}\cdot 20=$ $\quad\left(0{,}25\cdot\frac{4}{3}\right)\cdot\left(2{,}4\cdot\frac{9}{15}\right)=$

10 Ordnen Sie nachfolgende Zahlen den entsprechenden Punkten auf dem Zahlenstrahl zu:

$\frac{70}{20}$; 1,9; $\frac{38}{20}$; $\frac{3}{6}$; $\frac{158}{40}$; $\frac{4}{5}$; $2\frac{2}{5}$; 0,8; $\frac{96}{20}$; $4\frac{1}{4}$; 0,2; $\frac{39}{15}$

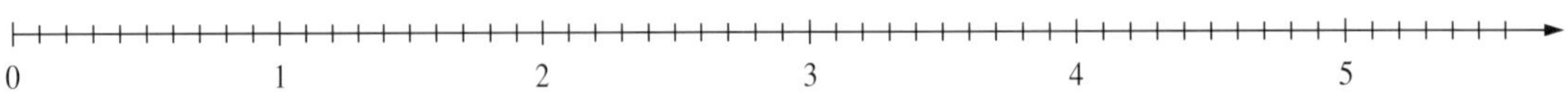

11 Ordnen Sie die nachfolgenden Brüche. Beginnen Sie mit der größten Zahl:

$2\frac{1}{4}$; 7,8; $\frac{1}{6}$; $\frac{4}{13}$; 0; 8,7; $\frac{6}{5}$; $\frac{5}{6}$; 1,2; $\frac{124}{40}$; $7\frac{4}{5}$; $\frac{4}{26}$; $\frac{9}{13}$

12 Berechnen Sie die nachfolgenden Terme vorteilhaft unter Ausnutzung wichtiger Rechengesetzmäßigkeiten:

a) $2\frac{2}{5}+4\frac{1}{10}=$ $\quad$ b) $\frac{8}{9}:2=$ $\quad$ c) $4\frac{2}{3}:2=$

d) $3{,}\overline{3}+4{,}5=$ $\quad$ e) $16\frac{1}{3}+2\frac{1}{5}=$ $\quad$ f) $\frac{7}{9}:\frac{1}{2}=$

g) $2{,}5-\frac{3}{10}=$ $\quad$ h) $\left(7\cdot\frac{5}{8}\right)\cdot\left(\frac{6}{7}\cdot\frac{8}{5}\right)=$ $\quad$ i) $\frac{23}{4}+\frac{3}{2}-\frac{7}{4}+\frac{9}{2}=$

j) $\frac{4}{18}:\frac{1}{3}=$ $\quad$ k) $\dfrac{1{,}2-0{,}3^2}{0{,}3}=$ $\quad$ l) $\dfrac{2{,}2\cdot 5\cdot\frac{1}{8}}{0{,}125\cdot 11\cdot 0{,}5}=$

13 Geben Sie je einen (gemeinen) Bruch an, der zwischen den vorgegebenen Brüchen liegt:

a) $\frac{14}{23}$ und $\frac{15}{23}$ $\quad$ b) $\frac{9}{30}$ und $\frac{9}{40}$ $\quad$ c) $\frac{3}{5}$ und $\frac{7}{15}$ $\quad$ d) $\frac{11}{7}$ und $\frac{16}{11}$ $\quad$ e) $2\frac{1}{4}$ und $2\frac{11}{40}$

f) $10\frac{1}{10}$ und $10\frac{1}{100}$ $\quad$ g) 0,83 und $0{,}8\overline{3}$ $\quad$ h) $\frac{7}{5}$ und 1,41 $\quad$ i) $3\frac{1}{3}$ und 3,3 $\quad$ j) $\frac{4}{28}$ und $\frac{16}{112}$

Rechnen mit rationalen und nichtrationalen Zahlen

1 Ordnen Sie nachfolgende Zahlen den entsprechenden Punkten auf der Zahlengeraden zu:

$\frac{56}{20}$; $-\frac{7}{2}$; $2\frac{1}{4}$; $-\frac{5}{4}$; $-0{,}4$; $\frac{19}{4}$; $-\frac{2}{5}$; $4\frac{3}{4}$; $-2\frac{1}{10}$; $-2{,}9$; $\frac{4}{10}$; $\frac{140}{40}$

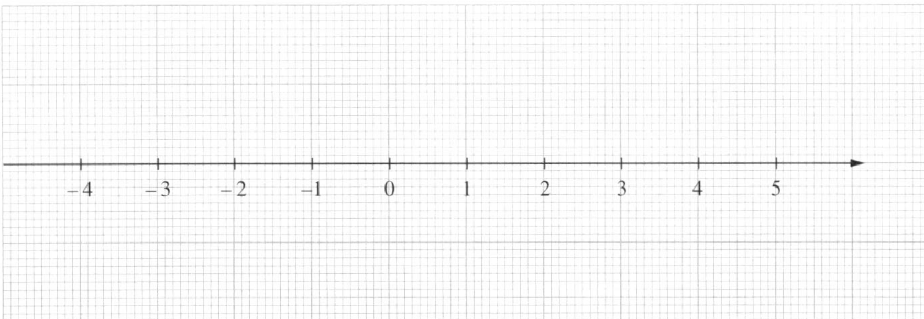

2 a) Lesen Sie die Koordinaten der folgenden Punkte ab:

A	B
C	D
E	F
G	H
I	K
L	M
N	O
P	

b) Spiegeln Sie die Figur an der y-Achse und bestimmen Sie die Koordinaten der Spiegelpunkte A' bis P'.

c) Bestimmen Sie möglichst ohne Zeichnung die Koordinaten der Punkte A'' bis P'', die bei der Spiegelung der Originalfigur an der x-Achse entstehen würden.

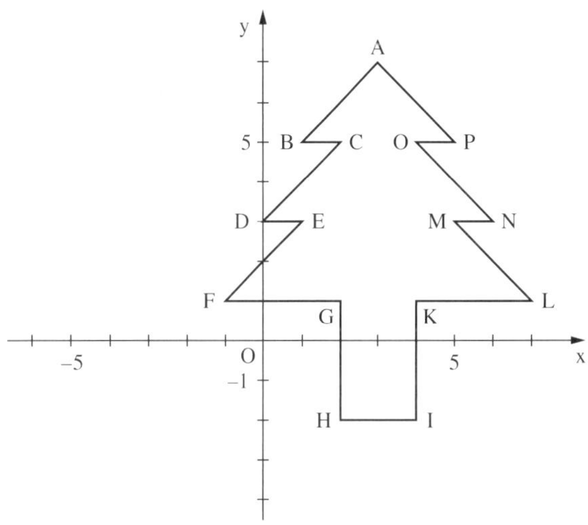

3 Ordnen Sie die folgenden rationalen Zahlen der Größe nach. Beginnen Sie mit der größten Zahl:

$\frac{47}{5}$; $-\frac{1}{10}$; $-\frac{14}{10}$; $-\frac{29}{10}$; 14,1; 0,1; −2,4; $-\frac{70}{5}$; $15\frac{3}{4}$; 5,02; $-14\frac{1}{10}$; $2\frac{1}{3}$; $-2\frac{4}{5}$

4 Berechnen Sie im Kopf:

a) $5^2 =$ b) $2^{-3} =$ c) $\sqrt{100} =$

d) $\sqrt[3]{8} =$ e) $\lg 100 =$ f) $\lg 0{,}01 =$

5 Wenden Sie die Definitionen der Potenz, der Wurzel und des Logarithmus an. Rechnen Sie im Kopf bzw. vereinfachen Sie (Nenner seien jeweils ≠ 0; Basen von Bruchpotenzen > 0):

a) $1^3 =$ $3^2 =$ $3^4 =$ $5^2 =$

$6^3 =$ $2^4 =$ $2^5 =$ $2^6 =$

$0{,}3^2 =$ $0{,}5^4 =$ $0{,}01^3 =$ $0{,}06^2 =$

b) $3^{-1} =$ $3^0 =$ $2^7 =$ $2^8 =$

$3^{-2} =$ $\left(\frac{1}{3}\right)^{-1} =$ $\left(\frac{1}{3}\right)^{-3} =$ $9^{\frac{1}{2}} =$

$49^{\frac{1}{2}} =$ $0{,}36^{\frac{1}{2}} =$ $0{,}2^{-2} =$ $0{,}04^{0{,}5} =$

c) $\sqrt[3]{64} =$ $\qquad \sqrt[4]{81} =$ $\qquad \sqrt[4]{625} =$ $\qquad \sqrt[3]{\frac{27}{64}} =$

$\sqrt[3]{\frac{8}{125}} =$ $\qquad \sqrt[4]{0} =$ $\qquad \sqrt[9]{1} =$ $\qquad \sqrt[3]{-27} =$

$\sqrt[3]{0{,}008} =$ $\qquad \sqrt[3]{8000000} =$ $\qquad \sqrt{1{,}44} =$ $\qquad \sqrt{0{,}0144} =$

d) $b^{-2} =$ $\qquad a^{\frac{1}{2}} =$ $\qquad 0^0 =$ $\qquad (-3)^0 =$

$k^0 =$ $\qquad \left(\frac{1}{a}\right)^{-1} =$ $\qquad \left(\frac{1}{5}\right)^{-2} =$ $\qquad \left(2^3\right)^2 =$

$\left(2^3\right)^{-1} =$ $\qquad 4^{\frac{1}{4}} =$ $\qquad (0{,}2)^{-1} =$ $\qquad (0{,}\overline{6})^{-2} =$

e) $(x+y)^{-1} =$ $\qquad (x+y)^0 =$ $\qquad (x+y)^{-2} =$ $\qquad (x+y)^{\frac{1}{2}} =$

$(x+y)^{-\frac{1}{2}} =$ $\qquad \sqrt{x^2} =$ $\qquad \sqrt[3]{x^9} =$ $\qquad \sqrt[4]{x^{12}} =$

$\sqrt[12]{x^4} =$ $\qquad \sqrt[3]{x^6 + y^9} =$ $\qquad \sqrt[3]{a^3 x^6} =$ $\qquad \sqrt{0{,}04x^4} =$

f) $\left(\frac{1}{3}\right)^{-2} =$ $\qquad \left(\frac{4}{3}\right)^{-2} =$ $\qquad 12^{-2} =$ $\qquad \frac{1}{3^{-2}} =$

$\left(\frac{a}{2}\right)^{-2} =$ $\qquad \left(\frac{a}{2}\right)^2 =$ $\qquad \left(\frac{a^2}{4}\right)^{\frac{1}{2}} =$ $\qquad (-2)^3 =$

$2^{-3} =$ $\qquad (-2)^{-3} =$ $\qquad (-0{,}1)^{-3} =$ $\qquad -(0{,}1)^{-3} =$

g) $\log_2 16 =$ $\qquad \log_2 \frac{1}{8} =$ $\qquad \log_2 0 =$ $\qquad \log_2 1 =$

$\log_2 (-4) =$ $\qquad \log_2 \frac{3}{48} =$ $\qquad \log_2 \frac{1}{4} =$ $\qquad \log_{\frac{1}{4}} 2 =$

$\log_{\frac{1}{4}} \frac{1}{2} =$ $\qquad \log_6 1 =$ $\qquad \log_3 9^3 =$ $\qquad \log_2 \sqrt{1024} =$

h) $\lg 1 =$ $\qquad \lg 100 =$ $\qquad \lg 0{,}01 =$ $\qquad \lg \frac{1}{1000} =$

$\lg 10^7 =$ $\qquad 10^{\lg 3} =$ $\qquad 10^{\lg 7} =$ $\qquad \ln e^2 =$

$\ln 1 =$ $\qquad 1^{\ln 2} =$ $\qquad 10^{\lg x + 1} =$ $\qquad 10^{\lg(x+1)} =$

i) $\log_2 \sqrt{2} =$ $\qquad \lg \sqrt{10} =$ $\qquad \log_6 \frac{1}{\sqrt{6}} =$ $\qquad \log_4 0{,}25 =$

$\lg (a+b) =$ $\qquad \lg (a+b)^2 =$ $\qquad \lg (a^2 - b^2) =$ $\qquad \lg (3x^2) =$

$\lg \frac{u}{v} =$ $\qquad \lg \sqrt{1+x} =$ $\qquad \frac{1}{2} \lg 5 + \lg 3 =$ $\qquad \frac{1}{2} (\lg 5 + \lg 3) =$

6 Lösen Sie die folgenden Aufgaben im Kopf:

a) $3^4 =$ $\qquad \sqrt{625} =$ $\qquad \lg 100 =$ $\qquad \lg (-10) =$

b) $3^{-4} =$ $\qquad \sqrt[4]{16} =$ $\qquad \lg(-10)^2 =$ $\qquad 1^{17} =$

c) $\lg 0{,}01 =$ $\qquad \lg 1 =$ $\qquad 14^0 =$ $\qquad \sqrt[3]{-8} =$

d) $\lg 0 =$ $\qquad \left(\frac{1}{2}\right)^2 =$ $\qquad \log_2 8 =$ $\qquad -\sqrt[3]{8} =$

e) $\log_3 \frac{1}{27} =$ $\qquad 0{,}5^{-2} =$ $\qquad \sqrt{\frac{4}{9}} =$ $\qquad \lg 1000 - \lg 100 =$

f) $-1{,}2^2 =$ $\qquad (3^8)^0 =$ $\qquad \sqrt{\sqrt{4}} =$ $\qquad (\lg 10)^7 =$

g) $(-0{,}5)^{-2} =$ $\qquad \sqrt{3{,}5}^{\,4} =$ $\qquad \sqrt[3]{\sqrt{64}} =$ $\qquad \left(\left(\frac{1}{2}\right)^3\right)^{-\frac{1}{3}} =$

h) $0^{10} =$ $\qquad 0{,}25^{-2} =$ $\qquad \lg(1^{-5}) =$ $\qquad (\lg 1)^{-5} =$

7 Ergänzen Sie die nachfolgende Tabelle. Runden Sie die Ergebnisse auf Hundertstel:

	o	p	q	r	$\lvert o\rvert$	$\sqrt{p}$	q^3	$\frac{o+p}{q\cdot r}$	$\frac{o-p}{q-r}$	$\sqrt{op}-\sqrt{qr}$	$\lg o - \lg p$	$\sqrt{r} + 2\lg q$
a)	0	1	2	3								
b)	−4	−2	0	4								
c)	−2,5	$\frac{1}{2}$	3	−8								
d)	1,25	$\frac{1}{3}$	−0,7	0,8								
e)	$2\frac{1}{2}$	−0,1	−0,1	−0,1								
f)	14,5	0	0	−2								
g)	$\sqrt{1}$	$\sqrt{2}$	$\sqrt{3}$	$\sqrt{4}$								
h)	1	2	−3	lg 4								
i)	$\sqrt{5}$	lg 5	5	−5								
j)	lg 0	$\sqrt{10}$	10^2	10^3								

8 Rechnen und begründen Sie (Nenner, Potenzbasen > 0; Radikanden ≥ 0):

a) $5^3 \cdot 5^6 =$, denn $a^m \cdot a^n =$ $\qquad$ b) $\frac{4^7}{4^3} =$, denn $\frac{a^m}{a^n} =$

c) $(3 \cdot 172)^2 =$, denn $(a \cdot b)^n =$ $\qquad$ d) $(4^5)^2 =$, denn $(a^b)^c =$

e) $a^{\frac{2}{7}} = \sqrt{}$, denn $a^{\frac{m}{n}} =$ $\quad a > 0$ $\qquad$ f) $\sqrt{7} \cdot \sqrt{3} =$, denn $\sqrt[n]{a} \cdot \sqrt[n]{b} =$

g) $\frac{\sqrt[4]{11}}{\sqrt[4]{17}} =$, denn $\frac{\sqrt[m]{a}}{\sqrt[m]{b}} =$ $\quad a, b > 0$ $\qquad$ h) $(\sqrt[3]{5})^4 =$, denn $(\sqrt[n]{a})^m =$

i) $\sqrt[3]{7} \cdot \sqrt[4]{7} =$, denn $\sqrt[m]{a} \cdot \sqrt[n]{a} =$

9 Vereinfachen Sie die nachfolgenden Terme durch Anwendung der Potenzgesetze:

a) $4^{12} \cdot 4^8 =$ $\qquad 7^8 \cdot 3^8 =$ $\qquad (9^4)^{0,5} =$

b) $3^{-24} =$ $\qquad 7^0 \cdot 4^6 =$ $\qquad 1^{26} \cdot 1^{23} =$

c) $4^{3+\sqrt{2}} \cdot 4^{3-\sqrt{2}} =$ $\qquad 4^3 \cdot 12^6 \cdot 12^9 \cdot 3^3 =$ $\qquad 3^{\sqrt{18}} \cdot 3^{\sqrt{32}} =$

d) $2^{4-\sqrt{3}} \cdot 2^{4+\sqrt{3}} =$ $\qquad 0{,}2^{\frac{1}{2}} \cdot 0{,}2^{\frac{3}{4}} =$ $\qquad 6{,}4^{\frac{5}{8}} \cdot 6{,}4^{\frac{3}{8}} =$

e) $\left(\frac{3}{5}\right)^{\frac{1}{7}} \cdot \left(\frac{3}{5}\right)^{\frac{4}{7}} \cdot \left(\frac{3}{5}\right)^{\frac{2}{7}} =$ $\qquad \left(\frac{1}{4}\right)^{\frac{3}{7}} \cdot 4^{\frac{4}{7}} =$ $\qquad \left(\frac{3}{4}\right)^{-3} \cdot \left(\frac{9}{2}\right)^{-3} =$

f) $\left(\frac{3}{4}\right)^{\frac{1}{2}} \cdot \left(\frac{9}{2}\right)^{\frac{1}{2}} =$ $\qquad \frac{10^{\frac{11}{6}}}{10} =$ $\qquad \frac{\left(\frac{4}{7}\right)^{\frac{6}{5}}}{\left(\frac{4}{7}\right)^{\frac{1}{5}}} =$

10 Überprüfen Sie die Wahrheit der nachfolgenden Aussagen. Berichtigen Sie die falschen Lösungen:

a) $2^{\frac{3}{2}} \cdot 3^{\frac{4}{2}} \cdot 2^{\frac{1}{2}} = 6^2$ b) $4^{\frac{1}{3}} \cdot 16^{\frac{1}{3}} \cdot 2^{-3} = 4^{\frac{2}{3}} \cdot \frac{1}{2^3}$ c) $\left(\frac{1}{10}\right)^{-\frac{1}{2}} = \sqrt{0{,}1}$

d) $\sqrt{\sqrt[5]{356}} = \sqrt[7]{356}$ e) $\left(\frac{1}{5}\right)^3 \cdot 5^3 \cdot 0{,}2^{-3} = 125$ f) $2^{n+1} : \left(\frac{1}{2}\right)^{n+1} = 1$

g) $\left(\frac{p}{q}\right)^{-z} : \left(\frac{p}{2q}\right)^{-z} = \frac{1}{2}$ h) $2a^3 \cdot a^{-4} + a^{-2} \cdot a = 2a^{-2}$ i) $(e^x - e^{-x})(e^x + e^{-x}) = 0$

11 Zerlegen Sie die Zähler und Nenner in Faktoren (Nenner seien stets $\neq 0$). Kürzen Sie anschließend:

a) $\frac{a^6 + a^5}{a^4 + a^3} =$ b) $\frac{24a^3b^2 - 18a^2b^2}{3a^2b^2} =$ c) $\frac{x^n + x^{n+1}}{x^{n+1} + x^{n+2}} =$

d) $\frac{a^4 - b^4}{a^2 - b^2} =$ e) $\frac{a^2 + 14ab^2 + 49b^4}{a + 7b^2} =$ f) $\frac{x^{n+1} - 5x^n}{x^{n-1} - 5x^{n-2}} =$

g) $\frac{a^2 - 6a + 9}{a - 3} =$ h) $\frac{9b^2 - 12b + 4}{3b - 2} =$ i) $\frac{\sqrt[4]{(x-1)^2}}{x - 2} =$

12 Vereinfachen Sie die folgenden Terme durch Anwendung der Wurzelgesetze (Radikanden > 0):

a) $\sqrt[3]{3x} \cdot \sqrt[3]{9x^2} =$ $4\sqrt{6a} \cdot 3\sqrt{24a} =$ $\sqrt[n]{a^{n-1}b} \cdot \sqrt[n]{ab^{n-1}} =$

b) $\frac{\sqrt{ab}}{\sqrt{a}} =$ $\frac{\sqrt{12x^5y^3}}{-\sqrt{3x^2y}} =$ $\sqrt{\frac{-1 + x^2}{-1 + x}} =$

c) $\sqrt[3]{\frac{1}{\sqrt[n]{x^{6n}}}} =$ $\sqrt{4x^2\sqrt[3]{16x^{12}}} =$ $\sqrt[3]{8a^3b^6c^{18}} =$

d) $(\sqrt{2x^2y^4})^3 =$ $\sqrt[4]{\sqrt[3]{a^2x^6}} =$ $\frac{m \cdot \sqrt{n^3}}{n \cdot \sqrt{m^5}} =$

e) $\sqrt{x^3} \cdot \sqrt[3]{x^2} =$ $\frac{\sqrt{t} : \sqrt[3]{t}}{t} =$ $\frac{y}{\sqrt[3]{y^2} \cdot \sqrt[4]{y}} =$

f) $(\sqrt{x} + \sqrt{y})^2 =$ $(a + \sqrt{b})(a - \sqrt{b}) =$ $\sqrt{\sqrt[3]{\sqrt{8^4}}} =$

13 Machen Sie in den nachfolgenden Termen den Nenner durch geeignetes Erweitern rational:

a) $\frac{\sqrt{4}}{\sqrt{9}} =$ $\frac{1}{\sqrt{3}} =$ $\frac{1}{\sqrt{a}} =$ $\sqrt{\frac{5}{6}} =$

b) $\sqrt{\frac{x}{y}} =$ $\sqrt{\frac{a^3}{b^5}} =$ $\frac{14}{5 \cdot \sqrt{7}} =$ $\frac{a\sqrt{a^3}}{\sqrt{a^5}} =$

c) $\frac{m\sqrt{n^3}}{n\sqrt{m^5}} =$ $\frac{1}{4 - \sqrt{2}} =$ $\frac{\sqrt{2}}{\sqrt{3}} =$ $\frac{\sqrt[3]{2}}{\sqrt[3]{3}} =$

d) $\frac{1}{\sqrt[4]{2}} =$ $\frac{\sqrt[4]{2}}{\sqrt[4]{5}} =$ $\frac{x^2}{\sqrt[3]{4x^2}} =$ $\frac{3x}{\sqrt[4]{3^3y^3}} =$

e) $\frac{75a}{\sqrt[3]{5a}} =$ $\frac{b}{\sqrt{8b^3}} =$ $\frac{3x}{\sqrt[4]{7^2x^3}} =$ $\frac{a}{\sqrt[5]{a^2b^3}} =$

14 Radizieren Sie teilweise:

a) $\sqrt{24} =$ $\sqrt[3]{32} =$ $\sqrt[3]{27a^4} =$ $\sqrt[4]{x^6y^8} =$

b) $\sqrt[6]{x^{-11}y^{-7}} =$ $\sqrt{a^3(x+y)^5} =$ $\sqrt[3]{x^6y^{12}z^4} =$ $\sqrt{4x^2 + 8x + 4} =$

c) $\sqrt{(a+b)(a^2 - b^2)} =$ $\sqrt{(a^2 - 1)(a - 1)} =$

15 Lösen Sie die nachfolgenden Exponentialgleichungen durch inhaltliche Überlegungen:

a) $3^x = 9$	$5^x = 5$	$24^x = 0$	$17^x = 1$
b) $3^x = 81$	$2^x = -8$	$2^x = \frac{1}{16}$	$6^x = \sqrt{6}$
c) $2^x = \sqrt[7]{8}$	$10^x = -1\,000$	$10^x = \frac{1}{1000}$	$10^x = -\frac{1}{1000}$
d) $10^x = \left(\frac{1}{1000}\right)^2$	$e^x = e^2$	$e^x = e^{e^{\ln 2}}$	$7^x + 1 = 50$

16 Rechnen und begründen Sie (Radikanden, Nenner, Numeri > 0):

a) $\log_2 (5 \cdot 3) =$, denn $\log_a (b \cdot c) =$

b) $\log_4 \left(\frac{5}{16}\right) =$, denn $\log_a \left(\frac{b}{c}\right) =$

c) $\log_3 (7^3) =$, denn $\log_a (b^c) =$

d) $\log_5 (\sqrt{2}) =$, denn $\log_a (\sqrt[m]{b}) =$

17 Vereinfachen Sie die folgenden Terme durch Anwendung der Logarithmengesetze:

a) $\log_6 9 + \log_6 4 =$	$\log_4 \frac{1}{3} + \log_4 \frac{1}{6} =$	$\log_6 25 + \log_{12} 4 =$
b) $\log_3 2{,}7 - \log_3 \frac{1}{10} =$	$(\log_2 12 + \log_2 16) - \log_2 3 =$	$\log_5 625^7 =$
c) $\log_2 \sqrt[4]{8} =$	$\log_4 16^6 + \log_4 4^6 =$	$\lg x^2 - \lg x =$
d) $\lg a - \lg \sqrt{a} =$	$3 \lg \frac{1}{x} + \lg x^2 =$	$(\lg a^2) : \lg a =$
e) $2 (\lg x - \lg y) =$	$2 \lg \frac{a}{b} - \lg a + \lg b =$	$\frac{1}{3} (\lg x - 3 \lg y) =$

18 Ergänzen Sie die folgenden Tabellen:

Tabelle ①

	a)	b)	c)	d)	e)	f)	g)	h)	i)	j)	k)	l)
Grundwert G in km	38,4		40 000		0,024	234,432	3 340	666	440			2,9
Prozentsatz p in %		45	0,278	25	75		$37\frac{1}{2}$	$66\frac{2}{3}$		99	120	443
Prozentwert W in km	8,064	394,2		0, 219		117,216			19,8	1 000	17	

Tabelle ②

	a)	b)	c)	d)	e)	f)
Grundwert G	12 400 *l*	456,00 €		55 kg	9 870,00 €	
Prozentsatz p			14 %	14 %		20 %
Prozentwert W						80 *l*
erhöhter Grundwert G + W	13 144 *l*	538,08 €	41,04 cm		12 337,50 €	

Tabelle ③

	a)	b)	c)	d)	e)	f)
Kapital in €	2 468	6 228			7 000	1 111
Zinssatz in %	3,6		$6\frac{3}{4}$	$4\frac{1}{2}$	$5\frac{2}{5}$	
Jahreszinsen in €		295,83	1 676,7			122,21
Zeit in d	45		270	1	1	
Zinsen in €		54,24		1		37,68

(Beachten Sie: 1 Bankjahr ≙ 360 d)

19 Untersuchen Sie die nachstehenden Zahlenfolgen auf direkte bzw. umgekehrte Proportionalität. Geben Sie, wenn möglich, eine Zuordnungsvorschrift an:

a)

x	3,6	8	9,6	80
y	1,9	4	19,2	160

b)

a	0,05	0,5	1	5
b	20	2	1	0,2

c)

c	1	3	5	7
d	2	4	6	8

d)

e	0,1	0,2	40	160
f	2 000	1 000	5	1,25

e)

g	$\frac{1}{4}$	$\frac{1}{2}$	1	2
h	20	40	80	160

f)

s	0,8	3,2	–1,6	–96
t	12,4	49,6	–24,8	–1 488

g)

v	$-\frac{1}{12}$	0,25	–4	12
w	$\frac{1}{48}$	$-\frac{1}{16}$	1	$-\frac{15}{5}$

h)

m	14	0,9	–2,6	–74
n	–8,2	–0,53	1,52	43

Mengen und Mengenbeziehungen; Intervalle

1 a) Geben Sie die Menge M aller geraden Zahlen zwischen 3 und 11 und die Menge N aller durch 3 teilbaren Zahlen zwischen 2 und 14 an.
b) Bilden Sie die Durchschnittsmenge D und die Vereinigungsmenge V von M und N.
c) Geben Sie alle dreielementigen Teilmengen von N an.

$M = \{$
$N = \{$
$D = M \cap N = \{$
$V = M \cup N = \{$
$T_1 = \{ \quad , \quad , \quad \};$

2 Geben Sie die folgenden Teilmengen von $\mathbb{R}$ in Intervallschreibweise (also mittels der Klammern] bzw. [ ) an:

a) $A = \{a \mid -2 \le a \le 3\}$ $B = \{b \mid 3 \le b \le 5\}$ $C = \{c \mid -\pi \le c < \pi\}$

b) $D = \{d \mid 0 \le d \le 9{,}5\}$ $E = \left\{e \mid 0 \le e \le \frac{1}{3}\right\}$ $F = \{f \mid -1 \le f \le 1\}$

c) $G = \{g \mid -\infty < g < 0\}$ $H = \{h \mid -45 < h < \infty\}$ $K = \{k \mid 4 < k < 6\}$

d) $L = \{l \mid -\infty < l < \infty\}$ $M = \{m \mid -3 < m \le 4\}$ $N = \{n \mid 0 \le n < \infty\}$

3 Geben Sie die auf der Zahlengeraden dargestellten Teilmengen von $\mathbb{R}$ in der Intervallschreibweise an:

a)

b)

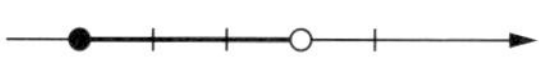

c)

d)

e)

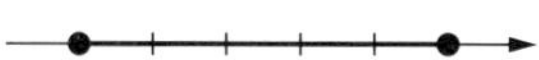

f)

4 Geben Sie die Elemente der folgenden Mengen an:

a) $P = \{p \mid p \in \mathbb{N} \text{ und } 0 \le p < 7\}$

b) $Q = \{q \mid q \in \mathbb{Q}_+ \text{ und } q = \frac{1}{n} \text{ mit } n \in [1; 8[; n \in \mathbb{N}\}$

c) $R = \{r \mid r \in \mathbb{Z} \text{ und } r \in]-4; 6]\}$

d) $S = \{s \mid s \in \mathbb{N} \text{ und } s \in]-4; 0[\}$

5 Im Folgenden wird als Grundmenge die Zahlenmenge $\Omega = \{x \mid x \in \mathbb{N} \text{ und } x < 21\}$ angenommen. In dieser Grundmenge sind die Mengen $A = \{1; 2; 3; 4; 5; 6; 7; 8\}$, $B = \{6; 7; 8\}$, $C = \{1; 2; 3; 4; 5; 6\}$, D = {Menge der geraden Zahlen kleiner als 20} und E = {Menge der ungeraden Zahlen kleiner oder gleich 19} definiert.

a) Entscheiden Sie, ob die angegebenen Aussagen wahr oder falsch sind.

	$A \subseteq B$	$B \subseteq A$	$A \subseteq D$	$7 \in C$	$A = B \cup C$	$\{4; 5; 6\} \subseteq D$	$E \cap D = A$	$B \cap D = A$	$A \cup B = A$
wahr									
falsch									

b) Ermitteln Sie.

$A \cap B = \{ \quad ; \quad ; \quad \}$	$(A \cup D) \setminus B =$
$A \cap C =$	$B \cap C =$
$B \cup D =$	$D \cap E =$
$B \cup C$	$A \cap D =$
$A \setminus B =$	$B \cap D =$
$C \cup D =$	$B \setminus C =$
$C \cap D =$	$(A \cap B) \cup C =$
$C \cup E =$	$\Omega \setminus E =$

6 Geben Sie die folgenden Mengen in einer der Darstellungsformen an:

a) A ist die Menge der natürlichen Zahlen, die kleiner als 5 sind.
b) B ist die Menge aller geraden Primzahlen.
c) C ist die Menge aller reellen Zahlen, die größer als -21 und kleiner als π sind.
d) D ist die Menge aller reellen Zahlen, die kleiner als -4 und größer als 8 sind.
e) E ist die Menge aller reellen Zahlen, die kleiner als -4 oder größer als 8 sind.
f) F ist die Menge aller ganzen Zahlen, die kleiner als 0 und durch 2 teilbar sind.

7 Veranschaulichen Sie die folgenden Mengen jeweils auf einer Zahlengeraden:

a) $M = \{x \in \mathbb{R} \mid -3{,}5 \leq x \text{ und } 3{,}5 \geq x\}$

b) $M = \{x \in \mathbb{N} \mid x < 25 \text{ und 4 ist Teiler von } x\}$

c) $M = \{x \in \mathbb{R} \mid x < 5 \text{ und } x > -2\}$

d) $M = \{x \in \mathbb{R} \mid x < 2 \text{ und } x \neq -4\}$

e) $M = [-3;\, 4] \cup [2;\, 5[;\ (M \subseteq \mathbb{R})$

f) $M =]-4;\, -1] \cup]-1;\, 2]$

g) $M = [-2;\, 4] \cap \{x \in \mathbb{R} \text{ und } x < \sqrt{10}\}$

h) $M = [-4;\, 0[\cup \{x \in \mathbb{R} \mid x \leq 4 \text{ und } x \geq 2\}$

i) $M = \{x \in \mathbb{Q} \mid 0 < x < 1\} \cup \{2;\, \sqrt{2};\, \sqrt{0{,}5};\, \sqrt{0{,}25}\}$

8 Beschreiben Sie die Mengen (bzw. deren Elemente), die in den folgenden Darstellungen durch grau unterlegte Flächen gekennzeichnet sind (A und B seien jeweils die angegebenen Kreisflächen):

a)
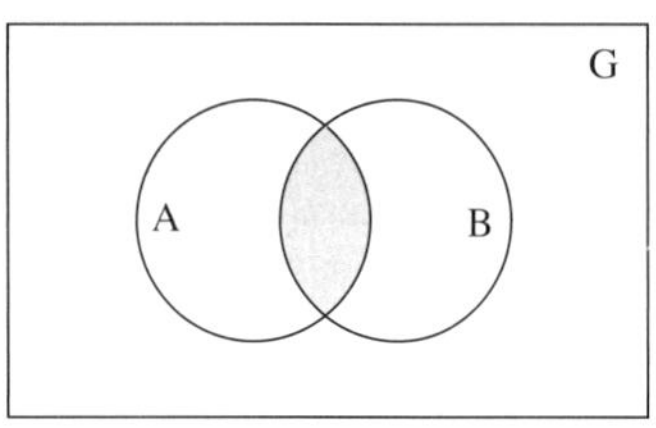

b)
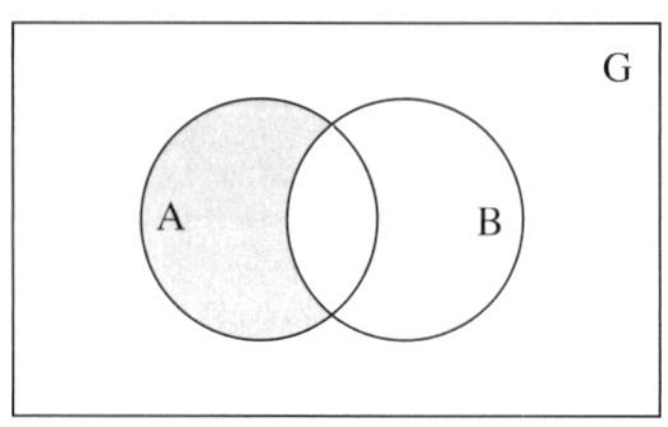

c)
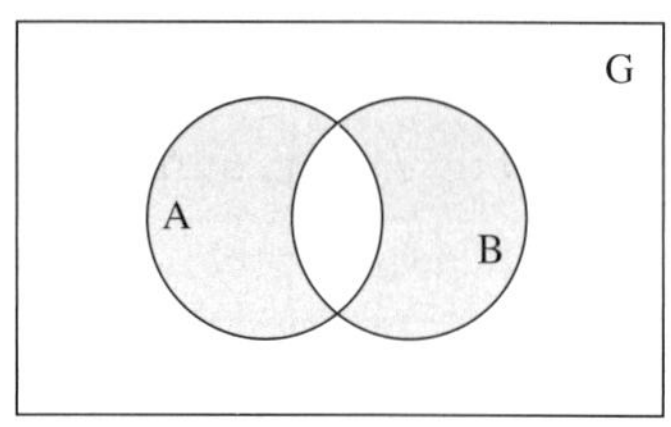

d)
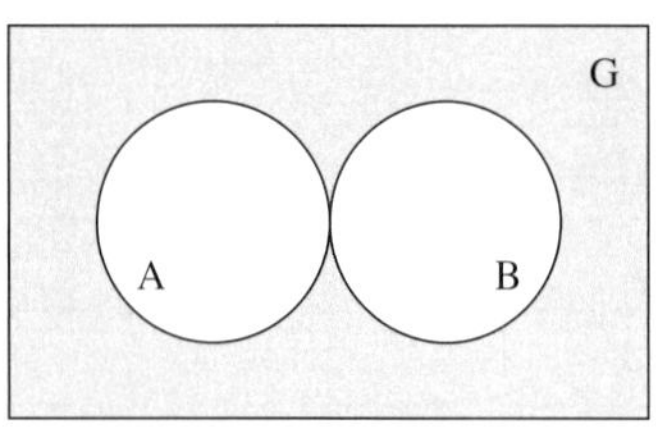

e)
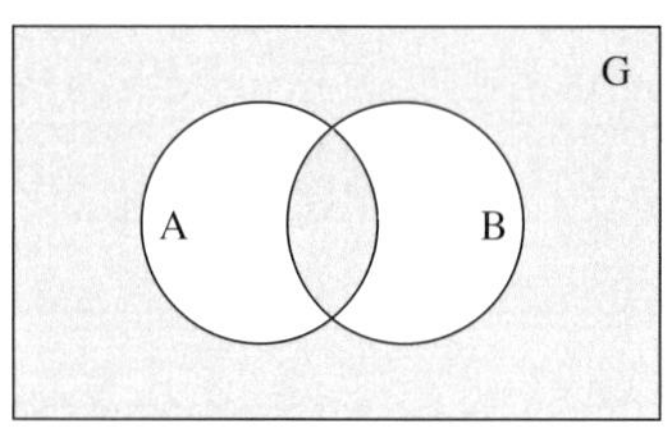

f)
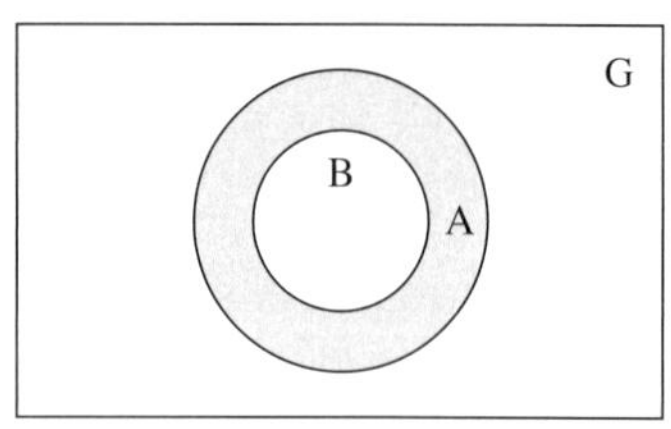

Terme und Termumformungen

1 a) Beschreiben Sie mittels eines Terms:
Es ist die Differenz aus der dritten Potenz einer Zahl und der Zahl selbst zu bilden und das Ergebnis durch 6 zu dividieren.

b) Geben Sie die Länge des nachfolgenden Streckenzugs unter Verwendung von a und b an:

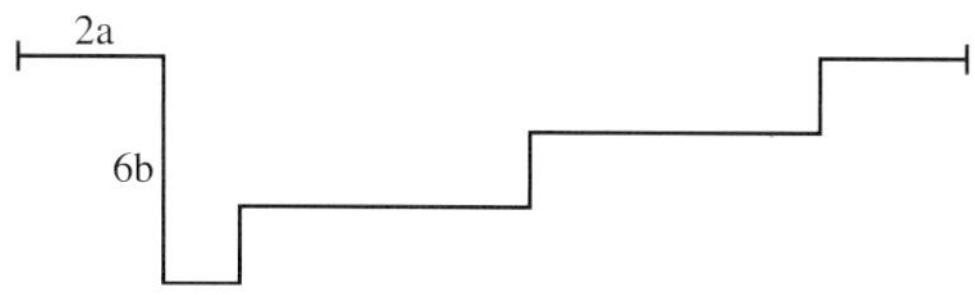

2 Beschreiben Sie mithilfe von Variablentermen die folgenden Operationen und bestimmen Sie jeweils die Struktur der Terme:

a) Es ist die Summe der Zahlen 13 und a mit deren Differenz zu multiplizieren.
b) Man subtrahiere vom Produkt der Zahlen b und 7 den Quotienten dieser Zahlen.
c) Es ist c durch die vierte Potenz von 3 zu dividieren.
d) Es ist die Summe der Zahlen von 12 und d zu quadrieren.
e) Man dividiere die dritte Potenz von e durch die Summe aus 1 und e.
f) Von einer Zahl ist 4 zu subtrahieren und das Ergebnis dann mit der Differenz von 7 und f zu multiplizieren.
g) Es ist eine Zahl um die größte zweistellige Zahl zu vermehren und von dem Resultat die dritte Potenz zu bilden.
h) Man multipliziere eine natürliche Zahl mit ihrem Vorgänger und ihrem Nachfolger und berechne dann den dritten Teil des Resultats.

3 Geben Sie unter Verwendung der in den Skizzen verwendeten Variablen jeweils Formeln für die Berechnung der gesuchten Größen an:

a) Gesucht: u; A

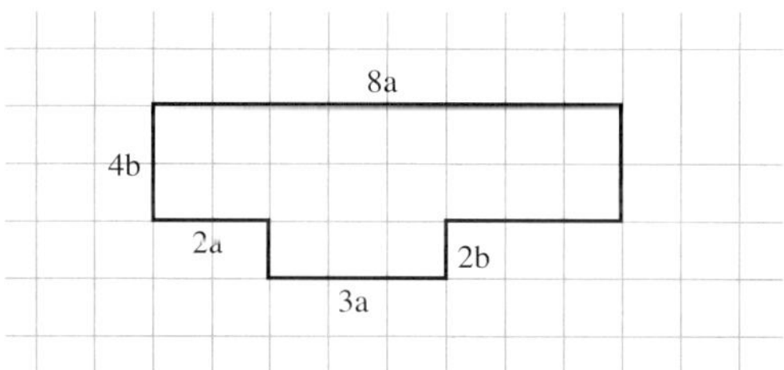

b) Gesucht: u; A

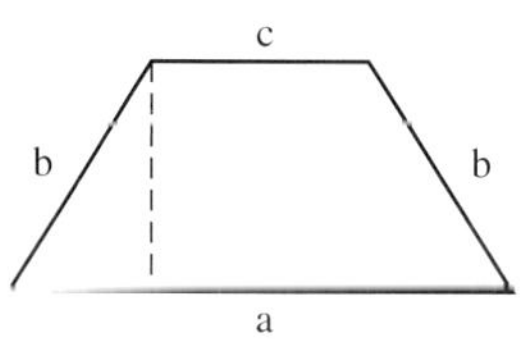

c) Gesucht: u; A

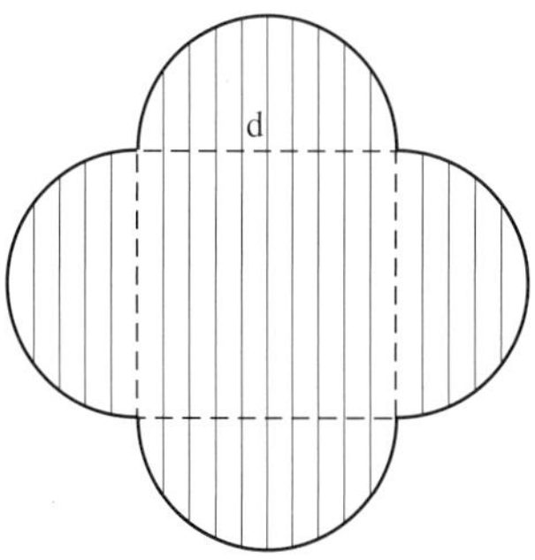

d) Gesucht: u; A

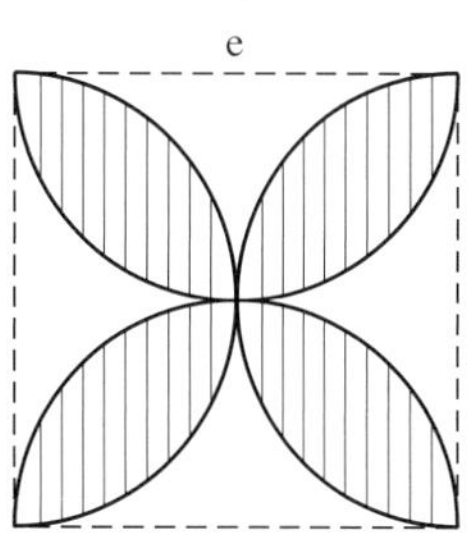

e) Gesucht: u; A

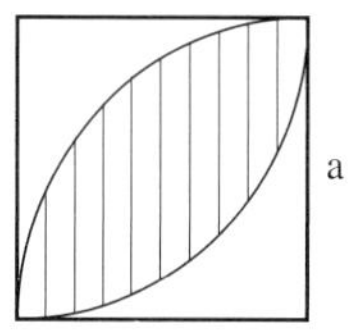

4 Geben Sie unter Verwendung der in den Skizzen verwendeten Variablen jeweils Formeln für die Berechnung der gesuchten Größen an:

a) Gesucht: u; A

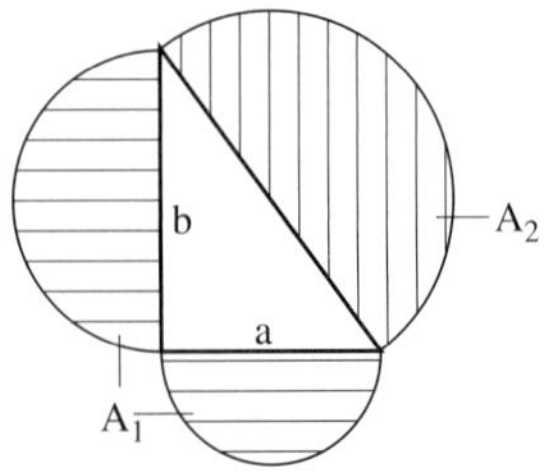

b) Gesucht: u; A

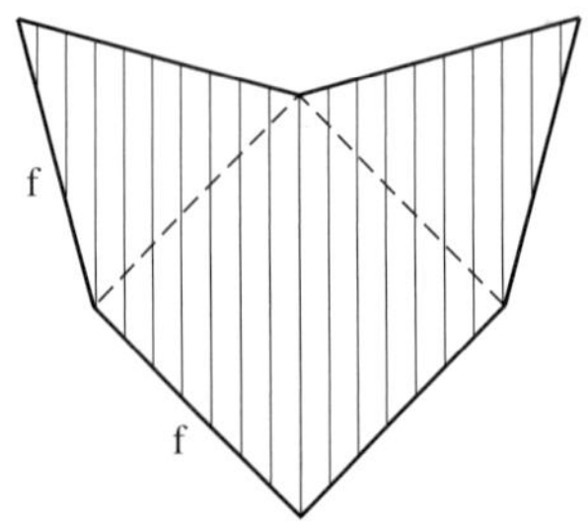

c) Gesucht:
V; A_O der quadratischen Pyramide
Bedingungen: $h = a$

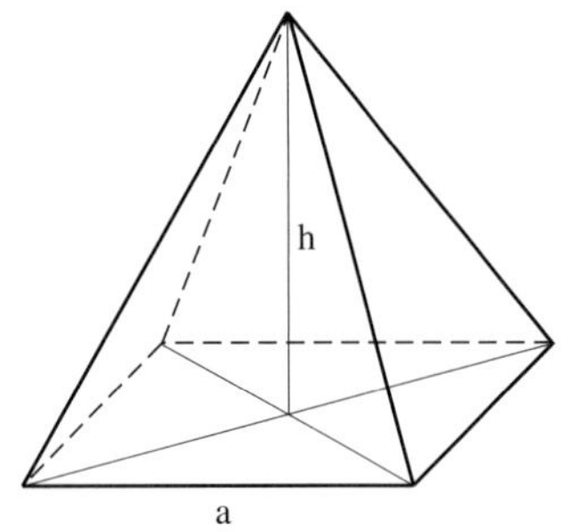

d) Gesucht: V; A_O
Bedingungen:
$a = d_Z = h_Z = d_Z = h_K$

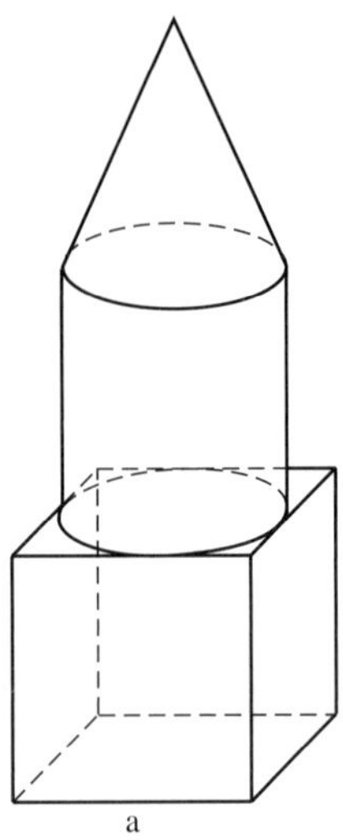

e) Gesucht:
V des Restkörpers, wenn aus einem Quader zwei einander und die Seitenflächen berührende Kugeln entfernt werden.
Bedingung: $a = d_K$

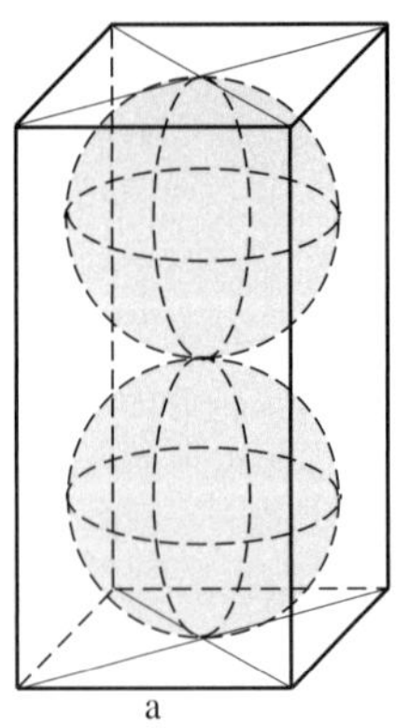

f) Gesucht:
V; A_O des Restkörpers, wenn in den Zylinder ein kegelförmiger „Krater" gebohrt wird.
Bedingung:
$h_Z = h_K = r$

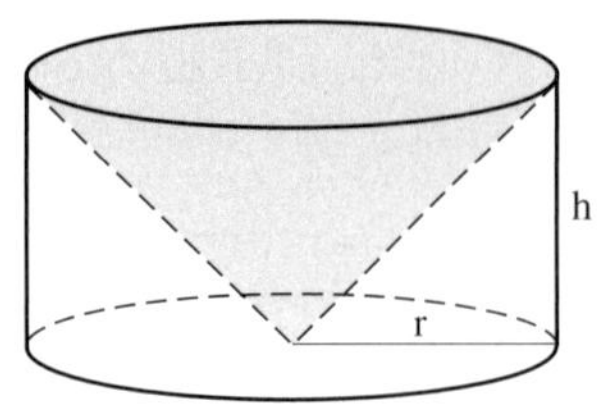

5 Berechnen Sie den Wert der Terme für $a = -6$; $b = 5$; $c = (-2)^3$:

a) $a + b : c =$ b) $(a + b) : c =$ c) $(a + b)^c =$

6 Berechnen Sie den Wert folgender Terme jeweils für $a = 2$; $b = -10$ und $c = \frac{4}{5}$:

a) $(a + b) \cdot c =$ $\frac{a+b}{c} =$ $\frac{1}{a} + \frac{1}{b} + \frac{1}{c} =$ $\sqrt{a \cdot |b| \cdot c} =$

b) $a + b \cdot c =$ $a + \frac{b}{c} =$ $\sqrt{abc} =$ $(b + c)^a =$

c) $(a^c)^b =$ $a^{(c^b)} =$ $(b^a)^c =$ $(c^a)^b =$

7 Ermitteln Sie den Wert der Terme. Runden Sie die Endergebnisse jeweils auf Hundertstel:

a	b	$3a + 2b$	$\frac{a+b}{a \cdot b}$	$\frac{a-b}{a+b}$	$\frac{a:b}{(a+b)^2}$	$\left(\frac{a \cdot b}{a+b}\right)^2$	$\frac{a^2+b^2}{a+b}$	$\sqrt{ab} - \sqrt{a-b}$
3,19	2,52							
7,2	–1,4							
–8,2	–8,2							

8 Für welche $a \in \mathbb{R}$ sind die folgenden Terme nicht definiert?

a) $\frac{4}{a^2 + 2a} + \frac{3a+2}{2 - 0{,}5a^2}$ b) $\sqrt{\frac{64}{9} - a^2}$ c) $\frac{1}{\sin a}$

9 Für welche Werte der Variablen sind die nachfolgenden Terme nicht definiert?

a) $\sqrt{a-2}$ $\sqrt{(c-1)(c+1)}$ $\tan x$

b) $\lg x$ $\sqrt{2-5b}$ $\sqrt{(d-4)^2}$

c) $\frac{1}{2\cos x}$ $\log_2 x$ 7^x

d) $2\tan x$ $\tan 2x$ $\tan(2+x)$

e) $\lg(x^2)$ $(\lg x)^2$ $\frac{1}{\lg x}$

f) $\frac{1}{7^x}$ $\sqrt{d^2-4}$ $\sqrt{\log_2 x}$

10 Bestimmen Sie die Definitionsmenge folgender Bruchterme:

a) $\frac{x}{x-4} + \frac{1}{x+4}$ b) $1 - \frac{3a}{a^2-9} - \frac{a}{a+3}$

c) $\frac{1}{2b} - \frac{1}{3b}$ d) $\frac{c}{2c-4} - \frac{c+1}{3c-6}$

e) $\frac{1}{1-4d^2} - \frac{1}{1+2d} - \frac{1}{2d-8d^3}$ f) $\frac{6}{2e-2} - \frac{4(e+1)}{e^2+2e+1} + \frac{2e}{2e^2-2} + \frac{5e}{e^2-e^3}$

11 Wenden Sie die binomischen Formeln an:

a) $\left(\frac{1}{2}ab^2 + \quad\right)^2 = \frac{1}{4}a^2b^4 + ab^2c^3 +$

b) $(\sqrt{2a} - \sqrt{6b})^2 =$

c) $87^2 =$

d) $301^2 =$

12 Formen Sie die nachfolgenden Potenzen bzw. Produkte von Binomen in Summen um:

a) $(4x-2y)^2 =$ $(7a^2+b)^2 =$ $(0{,}2ab - 0{,}5bc)^2 =$

b) $\left(9a - \frac{1}{3}b^2\right)^2 =$ $\left(\frac{1}{3}y^2 - \frac{3}{8}z^2\right)^2 =$ $(2a+3b)^2 =$

c) $\left(2u^2 - 3v^2\right)^2 =$ $(0{,}1r+4s)(0{,}1r-4s) =$ $(2a^2b - 3ab^2)(2a^2b + 3ab^2) =$

13 Schreiben Sie die folgenden Terme als Potenzen oder Produkte von Binomen:

a) $4x^2 + 12xy + 9y^2 = (\qquad)^2$

b) $25a^2 - 64b^2 = (\qquad)\cdot(\qquad)$

c) $16m^4 - 40m^2n^2 + 25n^4 =$

d) $36c^6 + 36c^3d^3 + 9d^6 =$

e) $49e^2 + 1 + 14e =$

f) $40rs + 25r^2 + 16s^2 =$

g) $\frac{x^4}{4} - \frac{y^6}{9} =$

h) $-13 + 2\sqrt{13}\,c - c^2 =$

14 Ergänzen Sie die Summe links so, dass rechts das Quadrat eines Binoms steht. Vervollständigen Sie jeweils die Klammerausdrücke:

a) $a^2 + 4a + \qquad = (\qquad)^2$

b) $4x^2 + 8xy + \qquad = (\qquad)^2$

c) $64m^2 + 80mn + \qquad = (\qquad)^2$

d) $4k^2 + \qquad + 81m^2 = (\qquad)^2$

e) $x^2 - xy + \qquad = (\qquad)^2$

f) $\qquad - \frac{1}{2}x^4y^2 + \frac{1}{4}y^4 = (\qquad)^2$

g) $0{,}04r^2 + 0{,}08rs^2 + \qquad = (\qquad)^2$

h) $2a + 3\sqrt{2ab} + \qquad = (\qquad)^2$

i) $x^2 + 2x + \qquad + y^2 - 8y + \qquad = (\qquad)^2 + (\qquad)^2$

j) $x^2 - 4x + \qquad + y^2 + \qquad + 9 = (\qquad)^2 + (\qquad)^2$

15 Wenden Sie die binomischen Formeln an.

a) Lösen Sie die Klammern auf und fassen Sie dann zusammen:
① $(n+3)^2 - (n-2)^2 =$
② $(n+2)^2 - 2(n+2)^2 =$
③ $(n+m)^2 - (n+m)(n-m) =$

b) Lösen Sie die folgenden Aufgaben im Kopf:

① $21^2 =$ $\quad 32^2 =$ $\quad 48^2 =$ $\quad 101^2 =$

② $69^2 =$ $\quad 31 \cdot 29 =$ $\quad 42 \cdot 38 =$ $\quad 1{,}6 \cdot 1{,}4 =$

16 Ergänzen Sie die Lücken bei den folgenden Polynomdivisionen. Überprüfen Sie das jeweilige Ergebnis durch eine Probe.

a)

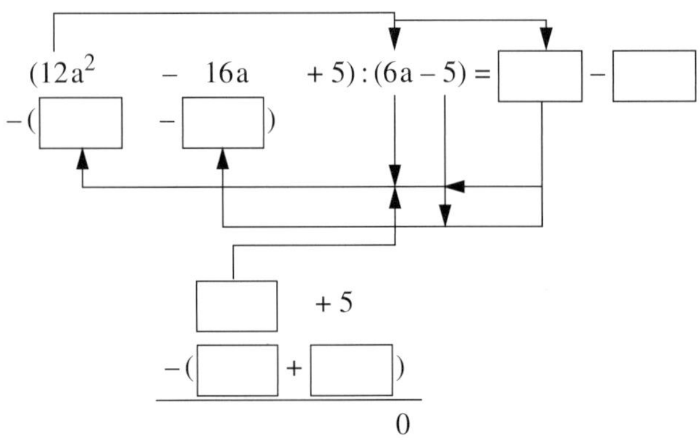

Probe: $(\square - \square)\cdot(6a - 5) =$

b)

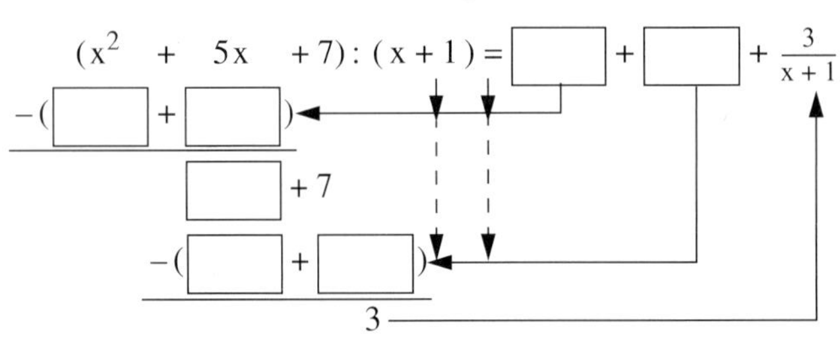

Probe: $(\square + \square)\cdot(x + 1) + 3 =$

17 Vereinfachen Sie die nachfolgenden Terme durch Polynomdivision:

a) $(x^2 + 9x + 20) : (x + 4) =$

b) $\frac{8 - 4x^2 - 8x + 3x^3}{x - 2} =$

c) $(2x^2 + 4) : (x - 1) =$

d) $(6 + 13x + 2x^2) : (4x + 2) =$

e) $(60a^2 + 25a^3 - 35a - 6) : (45 - 75a) =$

f) $(a^3 - 1) : (a - 1) =$

g) $\frac{27x^3 + 8}{9x + 6} =$

h) $\frac{2a + 4}{a^3 - 2a + 4} =$

i) $(18x^2 + 4) : (3x + 1) =$

j) $(4x^3 - 10x^2 + x - 24) : (x - 3) =$

18 Formen Sie die folgenden Bruchterme um (Nenner seien jeweils $\neq 0$):

a) Kürzen Sie so weit wie möglich.

$\frac{12ab^2c(c - 4d)}{18a^2bc^2(c - 4d)} =$

$\frac{6x + 8y}{30x + 40y} =$

$\frac{m^2 - 10m + 25}{m - 5} =$

b) Erweitern Sie den Quotienten so, dass im Nenner der angegebene Term steht.

$\frac{-3a}{4b} = \frac{}{6b}$

$\frac{2x + 3y}{-4x} = \frac{}{24x^2y}$

$\frac{7a(x + y)}{-4b} = \frac{}{6ab^2(x - y)}$

19 Kürzen Sie die folgenden Bruchterme so weit wie möglich:

a) $\frac{3ab}{4a} =$ $\frac{24xy^3}{6y^2} =$ $\frac{-28m^2n^3}{-7mn^2} =$

b) $\frac{3a^4 \cdot 6a^2b^3}{10a^3b} =$ $\frac{0{,}4x^3y^4}{9zy^5} =$ $\frac{8x + 8y}{16} =$

c) $\frac{x^2 + xy}{x^2 - xy} =$ $\frac{9ab^2 + 12a^2b}{3b + 4a} =$ $\frac{9x^2 - 25y^2}{9x^2 - 30xy + 25y^2} =$

d) $\frac{a^2 + 1}{a^2 - 1} =$ $\frac{y^2 + by}{b^2 + by} =$ $\frac{a(a + 3) + 4(a + 3)}{a + 3} =$

e) $\frac{(4z^2 - z) + (8z - 2)}{4z - 1} =$ $\frac{a^3 - b^3}{a^2 - b^2} =$ $\frac{a^2 - 2ab + b^2 - c^2}{a^2 - b^2 - 2bc - c^2} =$

20 Erweitern Sie den Quotienten so, dass im Nenner der angegebene Term steht:

a) $\frac{3}{5} = \frac{}{15a}$ $\frac{6a}{241ab} = \frac{}{482a^2b}$ $\frac{3x}{7y} = \frac{}{84y^2}$

b) $\frac{9x}{x - y} = \frac{}{3x - 3y}$ $\frac{30a^2}{50b} = \frac{}{15a^2b^2}$ $\frac{3xy}{x - y} = \frac{}{x^2 - y^2}$

c) $\frac{a - 2b}{3} = \frac{}{12a + 24b}$ $\frac{7x - y}{4x - 3y} = \frac{}{6xy - 8x^2}$ $\frac{a - 3}{2a^2 + 6a} = \frac{}{6a(a + 3)(a - 3)}$

d) $\frac{3x - y}{11y^2 - 6x} = \frac{}{144ax^2 - 484ay^4}$ $\frac{2y - 10}{5y^2 - 125} = \frac{}{10y^2 + 100y + 250}$ $\frac{1}{2bc^2 - b^2c} = \frac{}{5b^3c^2 - 20b^2c^3 + 20bc^4}$

21 Fassen Sie die folgenden Terme so weit wie möglich zusammen (Nenner seien jeweils $\neq 0$):

a) $\frac{a-5b}{2a} + \frac{2a-3b}{4a} =$ b) $\frac{a-5b}{2a} - \frac{2a-3b}{4a} =$

c) $\frac{a-5b}{2a} \cdot \frac{2a-3b}{4a} =$ d) $\frac{a-5b}{2a} : \frac{2a-3b}{4a} =$

e) $\frac{a}{b} : \frac{a-1}{b^2} - \frac{2ab}{a-1} =$ f) $\frac{a}{b} : \left(\frac{a-1}{b^2} - \frac{2ab}{a-1}\right) =$

22 Fassen Sie die folgenden Terme so weit wie möglich zusammen:

a) $\frac{1}{a} + \frac{1}{a^2} + \frac{1}{a^3} =$ $\frac{6a}{2a-1} + \frac{-5a}{2a-1} =$ $\frac{1}{a} + 1 =$

b) $\frac{a+b}{b} + \frac{a+b}{a-b} =$ $a + \frac{2a+1}{a+1} =$ $\frac{1}{d} - \frac{1}{d-1} =$

c) $\frac{d-1}{d+1} - \frac{1}{d^2+1} =$ $\frac{4d}{1-d} - \frac{d}{d^2-1} =$ $\frac{d+4}{d-4} - \frac{d-4}{d+4} + \frac{64}{d^2-16} =$

d) $\frac{2d(d-e)}{d^2+e^2-2de} - \frac{d+e}{e-d} =$ $\frac{6}{2d-2} - \frac{4(d+1)}{d^2+2d+1} + \frac{2d}{2d^2-2} + \frac{7d}{d^2-d^3} =$ $(p^2-2p+1) \cdot \frac{p^2+p}{1-p^2} =$

e) $\left(\frac{1-2a^2}{1-a}\right) - 1 : \left(a - \frac{a}{1-a}\right) =$ $\frac{3(p+r)}{15(p-r)} \cdot \frac{25(p-r)^2}{18(p+r)^2} =$ $\frac{(p+r)^2}{(r-p)^2} \cdot \frac{p^2-r^2}{p^2+r^2} =$

f) $\frac{85p^2+17pr}{25p^2-r^2} \cdot \frac{(5p-r)^2}{11pr} =$ $\frac{q+1}{2} : \frac{q+1}{4} =$ $\frac{6qs-2s^2}{q^2-2qs+s^2} : \frac{s}{q-s} =$

g) $\frac{q^3-q^2}{q^2+q} : (q^2-1) =$ $\frac{q^2-s^2}{t(t^2-2to+o^2)} : \frac{q-s}{to-o^2} =$ $\frac{\frac{a}{c}-\frac{b}{c}}{\frac{1}{cb}} =$

h) $a + \frac{1}{2+\frac{4}{a}} =$ $\left(\frac{a}{b} - \frac{b}{a}\right) : \left(\frac{1}{a} - \frac{1}{b}\right) =$ $\frac{3a^3+3a^2-6a}{(-4+2a) \cdot 3a} + 2 =$

23 Lösen Sie die nachstehenden Formeln nacheinander nach den angegebenen Variablen auf (Belegungen aus $\mathbb{Q}_+$):

a) $V = \frac{1}{3} A_G \cdot h$ $(A_G;\ h)$ b) $A_O = 2\pi r^2 + 2\pi rh$ (h) c) $y = \frac{g}{2\vartheta_0^2} \cdot x^2$ (ϑ_0)

24 Lösen Sie die nachstehenden Formeln nacheinander nach allen Variablen auf (Belegungen aus $\mathbb{Q}_+$):

a) $A = \frac{1}{2} ab$ $A = \frac{1}{2} e^2$ $u = 2\,(a+c)$

b) $A_\alpha = \frac{\pi \cdot \alpha}{360°} \cdot r^2$ $V = \frac{a^2}{4} h \sqrt{3}$ $V = \frac{4}{3} \pi r^3$

c) $R = \sqrt{h(2r-h)}$ $e = \sqrt{a^2+b^2+c^2}$ $x_M = \frac{x_1+x_2}{2}$

d) $a^b = c$ $\frac{W}{p} = \frac{G}{100}$ $K_n = K_o \cdot q^n$

e) $A_O = 2ab + 2bc + 2ac$ $U = I \cdot R$ $W = c \cdot m\,(T_2 - T_1)$

f) $\frac{1}{b} + \frac{1}{g} = \frac{1}{f}$ $E = \frac{1}{2} m \cdot v^2$ $F = \frac{\gamma \cdot m_1 \cdot m_2}{r^2}$

g) $T = 2\pi \sqrt{L \cdot C}$ $R = \frac{R_1 \cdot R_2}{R_1 + R_2}$ $x_T = \frac{x_1 + \lambda x_2}{1+\lambda}$

h) $\tan\alpha = \frac{m_2 - m_1}{1 + m_1 m_2}$ $T = 2\pi \sqrt{\frac{l}{g}}$ $V = \frac{\pi}{3} h^2 (3r - h)$ (nur nach r auflösen)

Funktionen

Funktionsbegriff

1 Entscheiden Sie, ob die im Folgenden skizzierten Kurven die Graphen von Funktionen mit der Gleichung $y = f(x)$ sein können:

a)
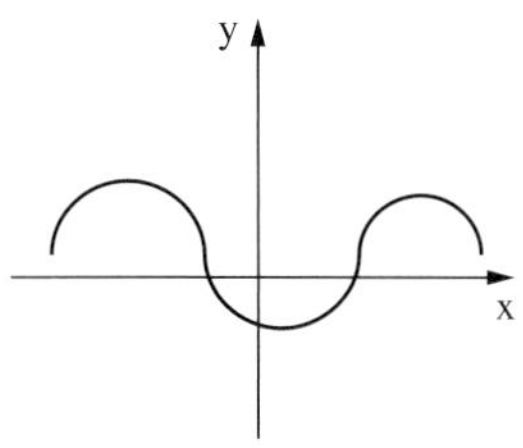

b)
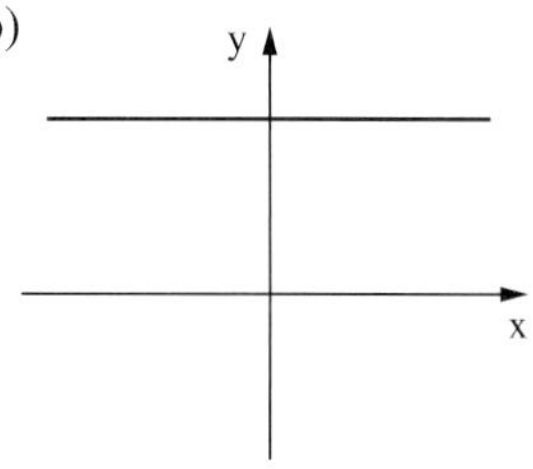

c)
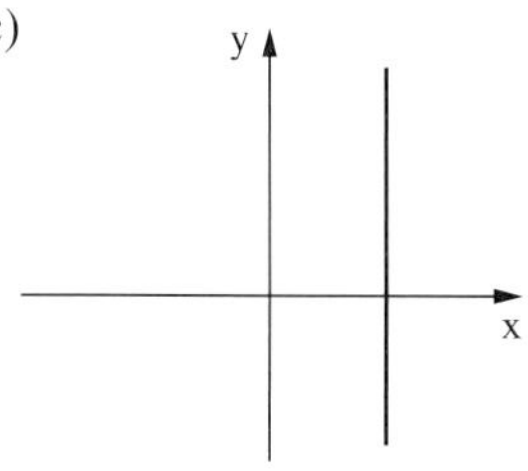

d)
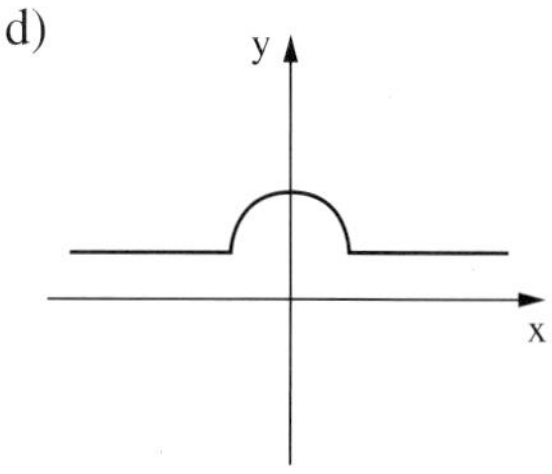

e)
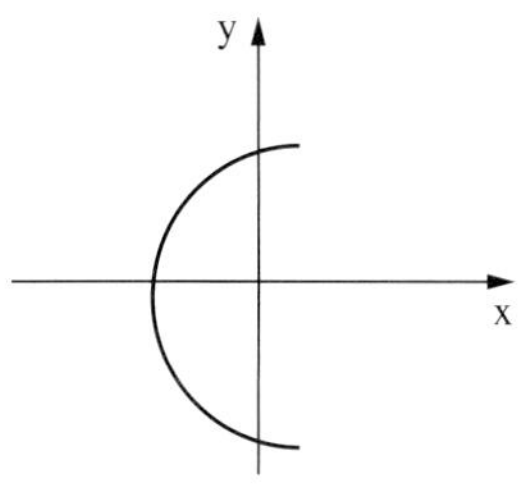

f)
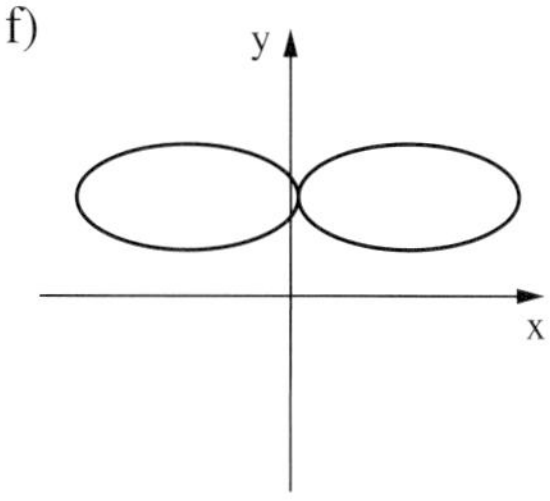

g)
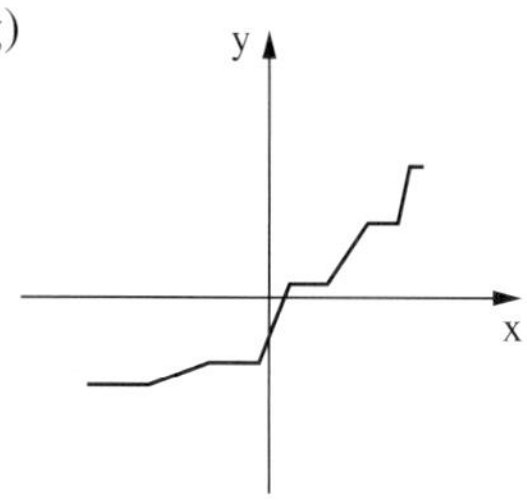

h)
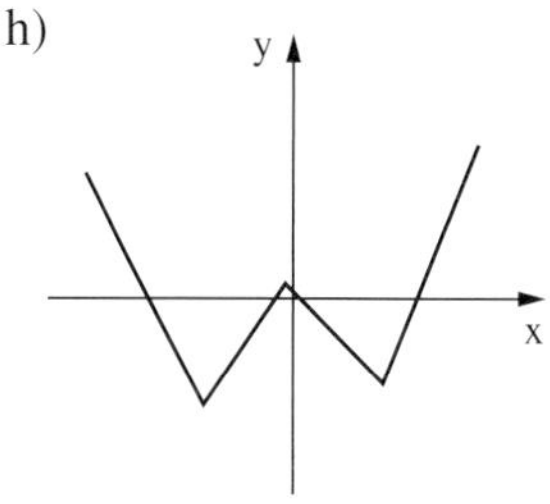

2 Beschreiben Sie – falls möglich – die nachfolgenden Zuordnungen durch eine Gleichung der Form y = … und entscheiden Sie, ob es sich bei den Zuordnungen um eine Funktion handelt:
Jeder Zahl $x \in D$

a) mit $D = \mathbb{R}$ werde ihr Doppeltes zugeordnet;
b) mit $D = \mathbb{R}$ werde die Hälfte ihres Quadrats zugeordnet;
c) mit $D = \mathbb{N}$ werde die Anzahl ihrer Teiler zugeordnet;
d) mit $D = \mathbb{N}$ werden ihre Teiler zugeordnet;
e) mit $D = \mathbb{Z}$ werde das Quadrat ihrer Gegenzahl zugeordnet;
f) mit $D = \mathbb{N}$ werde ihr Doppeltes, falls x ungerade, bzw. ihre Hälfte, falls x gerade, zugeordnet;
g) mit $D = \mathbb{N}$ werde die Zahl π zugeordnet;
h) mit $D = \mathbb{N}$ werde die Zahl 0, falls x durch 3 teilbar ist, bzw. die Zahl 1, wenn x durch 4 teilbar ist, zugeordnet;
i) mit $D = \mathbb{R}$ werde dem Zahlenbereich ($\mathbb{N}$; $\mathbb{Z}$; $\mathbb{Q}_+$; $\mathbb{Q}$; $\mathbb{R}$) zugeordnet, zu dem sie gehört.

3 Die Funktion f werde durch die Gleichung $y = f(x)$ beschrieben. Ergänzen Sie folgende Tabelle:

x \ $f_i(x)$	$f_1(x) = \frac{1}{2}x$	$f_2(x) = 3x + 2$	$f_3(x) = x^2$	$f_4(x) = \frac{1}{2}x^2 + 2x$	$f_5(x) = \sqrt{3x}$
2					
$\frac{1}{4}$					
0,4					
a					
2a					
a + 1					
2a –3					
a – b					
a^2					

Lineare Funktionen

1 a) Zeichnen Sie den Graphen der Funktion $f_1(x) = -3x + 2 \quad (x \in \mathbb{R})$ in das Koordinatensystem.

b) Berechnen Sie $f_1(1)$, $f_1(-1)$, $f_1(0{,}5)$, $f_1(1{,}5)$ und $f_1(2)$.

c) Für welche Werte von x wird $f_1(x) = 0$ (bzw. 1; 2; –1; –2)?

d) Geben Sie die Gleichung der linearen Funktion f_2 an, die den dargestellten Graphen besitzt.

e) Geben Sie die Gleichung der linearen Funktion f_3 an, deren Graph durch die Punkte A und B verläuft.

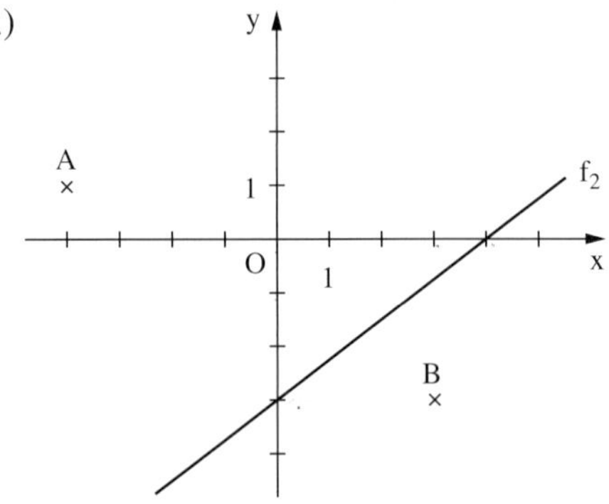

2 Zeichnen Sie die Graphen folgender Funktionen $f_i(D_n = \mathbb{R})$ in einem geeigneten Intervall:

a) $f_1(x) = 2x$ b) $f_2(x) = 1{,}5x$ c) $f_3(x) = 3x$ d) $f_4(x) = -\frac{1}{4}x$
e) $f_5(x) = -\frac{3}{4}x$ f) $f_6(x) = \frac{45}{60}x$ g) $f_7(x) = -\frac{2}{5}x$ h) $f_8(x) = 1{,}2x$

3 Zeichnen Sie die Graphen folgender Funktionen in ein Koordinatensystem:
(Achten Sie auf den jeweiligen Definitionsbereich. Verwenden Sie unterschiedliche Farben.)

a) $f_1(x) = \frac{1}{3}x;\ x \in \mathbb{Z}$ b) $f_2(x) = \frac{1}{4}x;\ x \in \mathbb{N}$ c) $f_3(x) = 2;\ x \in \mathbb{Z}$
d) $f_4(x) = -2;\ x \in \mathbb{N}$ e) $f_5(x) = -\frac{1}{2}x + 3;\ x \in \mathbb{R}$ f) $f_6(x) = \frac{1}{3}x - 4;\ x \in \mathbb{Q}_+$

4 Stellen Sie die folgenden Funktionen $(x \in \mathbb{R})$ in einem geeigneten Intervall grafisch dar:

a) $f_1(x) = 3x - 2$ $f_2(x) = -2x + 2$ $f_3(x) = -\frac{3}{5}x + 3$ $f_4(x) = -\frac{5}{6}x - \frac{1}{2}$
b) $f_5(x) = -\frac{1}{2}x + 1$ $f_6(x) = 0{,}1x - 1$ $f_7(x) = \frac{3}{4}x - 2$ $f_8(x) = 1{,}5x - 0{,}75$

5 Geben Sie jeweils die Gleichung der linearen Funktion $y = f_i(x) = mx + n_i$ an, deren Graph eine Gerade mit dem Anstieg $m = -\frac{1}{4}$ ist und durch P_i verläuft:

$P_1(0;\ 2)$ $P_2(3;\ 0)$ $P_3(0;\ -4)$ $P_4(-1;\ 3)$ $P_5(2;\ 4)$ $P_6(1;\ 1)$

6 Geben Sie jeweils die Gleichung der Funktion f_i an, deren Graph parallel zur Geraden $g: y = 2x - 2$ verläuft und den Punkt R_i enthält:

$R_1(0;\ 3)$ $R_2(3;\ 7)$ $R_3(0;\ -2)$ $R_4(1;\ 4)$ $R_5(1{,}5;\ 2{,}7)$ $R_6(-0{,}25;\ 0)$

7 Eine Gerade hat den Anstieg $m = \frac{1}{4}$ und verläuft durch den Punkt:

a) $A(1;\ 2)$ b) $B(-1;\ -1)$ c) $C\left(\frac{1}{2};\ \frac{1}{2}\right)$

Zeichnen Sie die Geraden und geben Sie deren Gleichungen an.

8 Zeichnen Sie den Graphen der Funktion $f(x) = \frac{3}{4}x - 1$ und spiegeln Sie diesen an der x-Achse, der y-Achse sowie an den Achsenabschnittpunkten P_x und P_y. Geben Sie die Funktionsgleichungen der entstehenden Funktionsgraphen an.

9 Ermitteln Sie die Nullstellen der folgenden Funktionen f_i:

a) $f_1(x) = \frac{1}{2}x + 4$ b) $f_2(x) = x - 3$ c) $f_3(x) = 3x + 4$ d) $f_4(x) = -3x + 9$

e) $f_5(x) = 6$ f) $f_6(x) = -2x - 3$ g) $f_7(x) = -\frac{1}{4}x + \frac{3}{4}$ h) $f_8(x) = |x| - 3$

10 Gegeben ist eine lineare Funktion f mit $f(x) = -\frac{3}{4}x + 1$. Ihr Graph sei die Gerade g.

a) Zeichnen Sie den Graphen für $-5 \le x \le 5$ in ein Koordinatensystem.
b) Bestimmen Sie die Koordinaten der Schnittpunkte von g mit den Koordinatenachsen.
c) Berechnen Sie den Anstiegswinkel α des Funktionsgraphen und tragen Sie ihn in die Zeichnung ein.
d) Berechnen Sie die fehlenden Koordinaten der auf g liegenden Punkte $R(1; y_R)$, $S(x_S; 2)$ und $T(x_T; 0)$.

11 Geben Sie die Gleichungen für die folgenden Geraden an:

a)

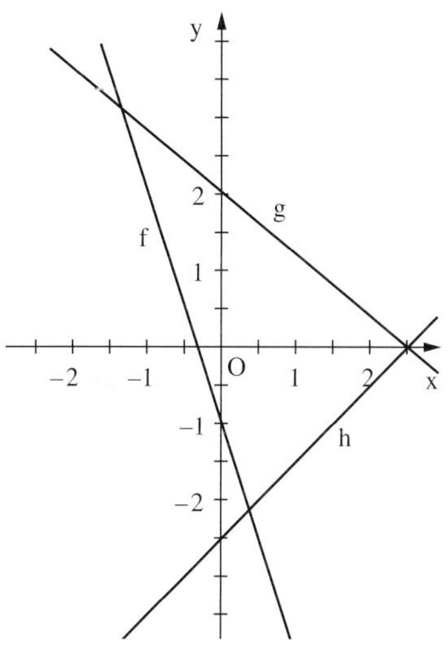

b)

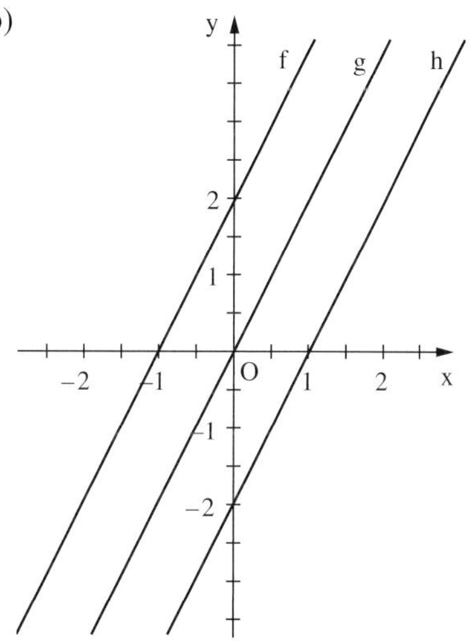

c)

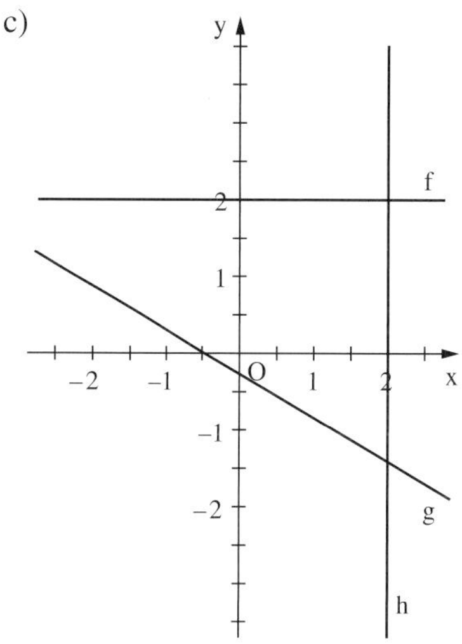

d)

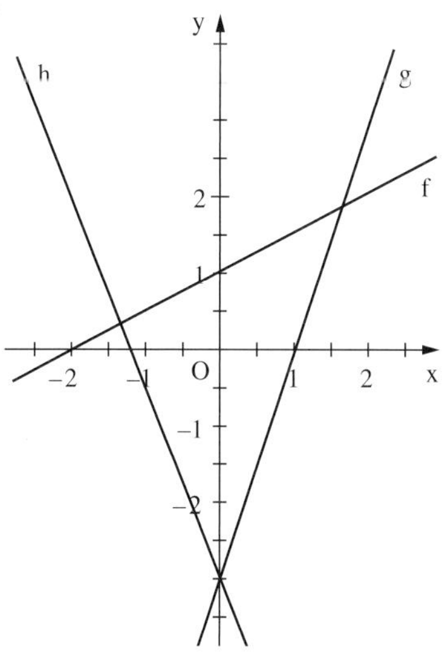

e)

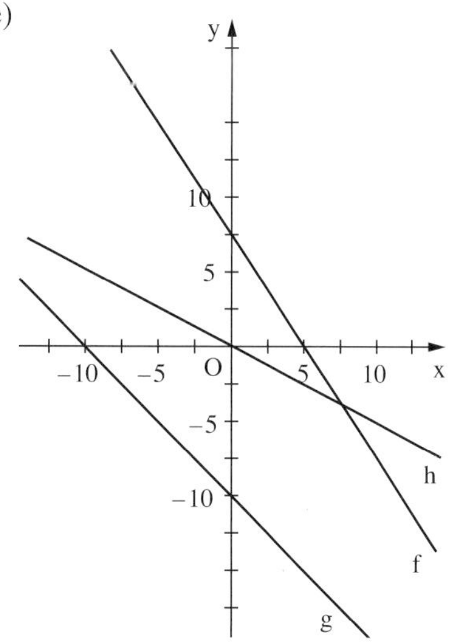

f)

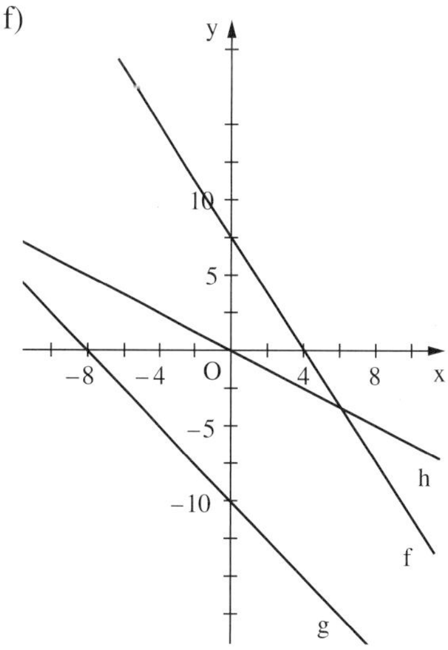

12 Gegeben ist die Funktion f mit $f(x) = \frac{9}{5}x - 2{,}5$.

a) Zeichnen Sie den Graphen für $x \in [-3; 3]$.
b) Ermitteln Sie rechnerisch die Nullstelle x_0 von f.
c) Der Graph von f schneidet die Ordinatenachse im Punkt P_y und die Abzissenachse im Punkt P_x. Geben Sie die Koordinaten beider Punkte an.
d) Eine Gerade g schneide die Ordinatenachse im Punkt Q(0; 1) und liege parallel zum Graphen von f. Zeichnen Sie die Gerade g in das Koordinatensystem.
e) Die Gerade g sei Graph der Funktion $y = g(x)$. Geben Sie eine Gleichung für diese Funktion an.

13 Der Graph der linearen Funktionen f_i verlaufe durch die zwei Punkte P_i und Q_i. Geben Sie die Funktionsgleichungen von f_i an:

a) $P_1(0; 1); Q_1(2; 2)$
b) $P_2(1; 0); Q_2(0; -3)$
c) $P_3(-2; -2); Q_3(0; -3)$
d) $P_4(-1; 2); Q_4(-4; 1)$
e) $P_5(1{,}5; -1); Q_5(0{,}5; -2)$
f) $P_6(1; 1); Q_6(33; 33)$
g) $P_7(3; 4); Q_7(-7; 4)$
h) $P_8(-2; -2); Q_8(1; 4)$
i) $P_9(-0{,}5; 1); Q_9(-2{,}5; -3)$

14 Ermitteln Sie, ob die Graphen der folgenden linearen Funktionen f_i und g_i einander schneiden bzw. zueinander parallel verlaufen:

a) $f_1(x) = 3x + 4$, $g_1(x) = -5x + 4$
b) $f_2(x) = -2x - 3$, $g_2(x) = -2x + 3$
c) $f_3(x) = -0{,}5x + 3$, $g_3(x) = -\frac{1}{2}x - 2$
d) $f_4(x) = \frac{1}{2}\sqrt{3}\,x + 3$, $g_4(x) = \sqrt{3}\,x + 3$

Quadratische Funktionen

1 Gegeben ist die quadratische Funktion $f(x) = -2x^2 + 12x - 16$.

a) Beschreiben Sie qualitativ die Art des Graphen von f bezüglich der Normalparabel $y = x^2$.
b) Berechnen Sie die Nullstellen von f.
c) Stellen Sie die Funktionsgleichung in Scheitelpunktsform $f(x) = a\,(x + d)^2 + e$ um und bestimmen Sie die Koordinaten des Scheitelpunkts $S(-d; e)$.
d) Zeichnen Sie den Graphen von f für $x \in [1; 5]$.
e) Bestimmen Sie die Koordinaten des Schnittpunkts des Graphen mit der y-Achse.

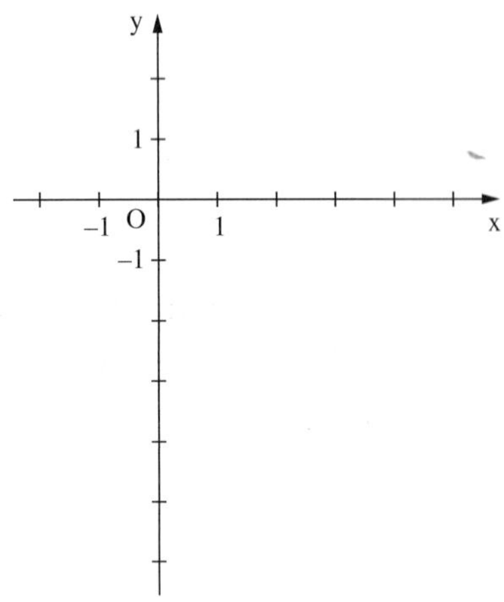

2 Geben Sie für folgende quadratische Funktionen die Koordinaten der Scheitelpunkte ihrer Graphen und die Funktionsgleichung in der Form $f(x) = x^2 + bx + c$ an. Zeichnen Sie die Graphen mindestens im angegebenen Intervall mit der Parabelschablone:

a) $f(x) = (x + 2)^2 - 1; \quad -5 \le x \le 1$
b) $g(x) = (x + 3)^2 - 2; \quad -6 \le x \le 0$
c) $h(x) = (x - 1)^2 + 0{,}5; \quad -3 \le x \le 3$
d) $k(x) = (x - 2)^2 - 3; \quad -1 \le x \le 5$
e) $p(x) = (x - 1)^2 - 3; \quad x \in [-3; 4]$
f) $s(x) = (x - 3)^2 - 1; \quad x \in [0; 6]$

3 Füllen Sie die folgende Tabelle aus:

$f_i(x)$ \ x	0	–1	–2	1	2
$f_1(x) = 4x^2 - 3$					
$f_2(x) = 2x^2 + x - 1$					
$f_3(x) = (x + 3)^2 - 2$					
$f_4(x) = (x - 2)^2$					
$f_5(x) = -2x^2 - x + 3$					
$f_6(x) = \frac{1}{2}x^2 - \frac{1}{2}x + \frac{1}{2}$					

4 Der Graph der folgenden Funktionen ist eine Normalparabel mit dem Scheitelpunkt S_i:

Scheitelpunkt	Gleichung in Scheitelpunktsform	Gleichung in Normalform
$S_1(3; 4)$		
		$f_2(x) = x^2 - 4x + 4$
	$f_3(x) = x^2 + 4$	
		$f_4(x) = x^2 - 2x + 2$
	$f_5(x) = (x - 4)^2 + 5$	
$S_6(-3; 4)$		
$S_7(-1; -2)$		
$S_8(-7; 8)$		
	$f_9(x) = (x + 1{,}5)^2$	
$S_{10}(0; 0)$		
$S_{11}(0; -8)$		
$S_{12}(-3; 0)$		

5 Gegeben ist der Scheitelpunkt S_i und der Streckungsfaktor a_i des Graphen der quadratischen Funktion. Geben Sie die Gleichung der quadratischen Funktion in der allgemeinen Form $f(x) = ax^2 + bx + c$ an:

a) $S_1(-1; 2)$; $a_1 = 1$ b) $S_2(-1; 3)$; $a_2 = 2$ c) $S_3(1; 1)$; $a_3 = -1$
d) $S_4(0; 0)$; $a_4 = 1$ e) $S_5(-4; 5)$; $a_5 = (-3)$ f) $S_6(-3; 2{,}4)$; $a_6 = 0{,}2$

6 Ermitteln Sie die Koordinaten des Scheitelpunkts der Graphen der jeweiligen Funktion. Geben Sie jeweils die Symmetrieachse der Parabel an:

a) $f_1(x) = x^2 - 6 + 8$ b) $f_2(x) = x^2 + 3x + \frac{9}{4}$ c) $f_3(x) = 1{,}5x^2 + 6x + 3$
d) $f_4(x) = 0{,}5x^2 - 2x + 3$ e) $f_5(x) = -x^2 - 4x - 2{,}5$ f) $f_6(x) = -3x^2 + 6$

7 Geben Sie jeweils die Gleichung der dargestellten quadratischen Funktionen an:

$f_1(x) =$
$f_2(x) =$
$f_3(x) =$
$f_4(x) =$
$f_5(x) =$
$f_6(x) =$

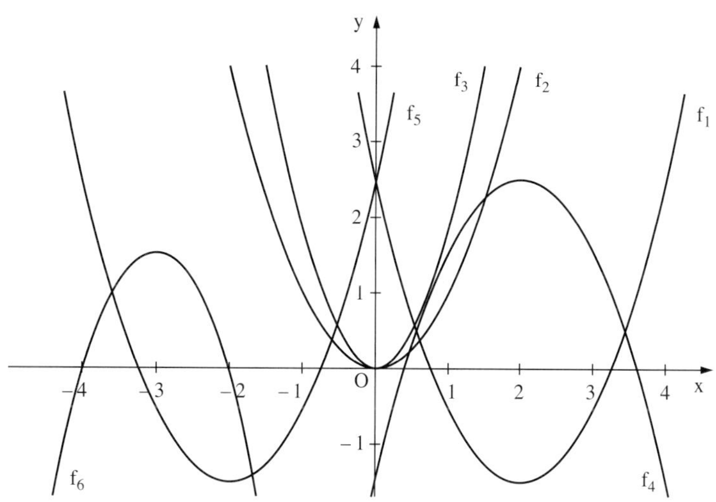

8 Vergleichen Sie die Graphen der folgenden Funktionen mit der Normalparabel $y = x^2$:

a) $f_1(x) = -x^2$ b) $f_2(x) = -x^2 + 2$ c) $f_3(x) = -x^2 - 2$

d) $f_4(x) = \frac{1}{2}x^2 - 3$ e) $f_5(x) = 4x^2 + 6x$ f) $f_6(x) = -3x^2 + 2x$

g) $f_7(x) = 2x^2 + 4x + 2$ h) $f_8(x) = -x^2 + 2x - 1$ i) $f_9(x) = \frac{1}{4}(x^2 - 2)$

9 Untersuchen Sie unter Verwendung Ihrer Kenntnisse über den Kurvenverlauf oder auf grafischem Wege näherungsweise, ob die Graphen der folgenden Funktionen f_i und g_k gemeinsame Punkte besitzen. Bestimmen Sie aus der Darstellung näherungsweise deren Koordinaten und überprüfen Sie diese rechnerisch:

g_i \ f_i	$f_1(x) = x^2$	$f_2(x) = 2x - 1$	$f_3(x) = -x + 2$
$g_1(x) = -x^2$			
$g_2(x) = -x^2 + 2$			
$g_3(x) = \frac{1}{2}x^2 - 1$			

10 Ergänzen Sie die Tabelle und zeichnen Sie den Graphen von $f(x) = -0{,}25x^2 + 0{,}9x + 1$.
Runden Sie auf zwei Nachkommastellen.

x	–1	0	1	2	3	4	1,5	2,5	–2	5
f(x)										

11 Von quadratischen Funktionen f_i mit $f_i(x) = x^2 + p_ix + q_i$ ist jeweils die Symmetrieachse des Graphen und die Ordinate des Scheitelpunkts y_{Si} bekannt.
Geben Sie jeweils die Anzahl der Nullstellen der Funktion f_i an und ermitteln Sie deren Gleichung:

a) Symmetrieachse ist die y-Achse; $y_{S1} = 3$.

b) Symmetrieachse ist die Gerade $x = 1$; $y_{S2} = -2$.

c) Symmetrieachse verläuft parallel zur Ordinatenachse durch P (3; 7); $y_{S3} = 0$.

d) Symmetrieachse ist die y-Achse; $y_{S4} = -1$.

e) Symmetrieachse ist die x-Achse; $y_{S5} = -3$.

12 Berechnen Sie die Nullstellen der folgenden quadratischen Funktionen (Vergleichen Sie auch mit dem Abschnitt „Quadratische Gleichungen".):

a) $f_1(x) = x^2 + x - 12$ b) $f_2(x) = x^2 - 5x - 14$

c) $f_3(x) = 2x^2 + 14x + 24$ d) $f_4(x) = x^2 + 2x + 4$

e) $f_5(x) = x^2 - 9$ f) $f_6(x) = x^2 - 2x + 3$

g) $f_7(x) = 3x^2 - 4x + 5$ h) $f_8(x) = 4x^2 + 32x - 8$

i) $f_9(x) = 0{,}2x^2 + 0{,}4x - 1{,}05$ j) $f_{10}(x) = -2x^2 + 2x + 4$

Exponential- und Logarithmusfunktion

1 Gegeben ist die Funktion $f(x) = 2^x$; $x \in \mathbb{R}$.

a) Berechnen Sie die Funktionswerte für $x = -2$ (-1; $-0{,}5$; 0; $0{,}5$; 1; 2; $2{,}3$) und zeichnen Sie den Graphen von f in ein Koordinatensystem.

b) Zeichnen Sie in das gleiche Koordinatensystem die Gerade $y = x$. Spiegeln Sie die unter der Teilaufgabe a errechneten Punkte des Graphen von f an dieser Geraden. Zeichnen Sie mittels der so erhaltenen Punkte $P_S(x_S; y_S)$ das Spiegelbild von f.

c) Geben Sie die Funktionsgleichung $y = g(x)$ für den entstehenden Graphen an.

2 Skizzieren Sie die folgenden Graphen jeweils in ein Koordinatensystem. Fertigen Sie eventuell eine Wertetabelle für f an.

a) $f_1(x) = 3^x$ $\quad g_1(x) = \log_3 x$ $\qquad$ b) $f_2(x) = \left(\frac{1}{2}\right)^x$ $\quad g_2(x) = \log_{\frac{1}{2}} x$

c) $f_3(x) = 1{,}5^x$ $\quad g_3(x) = \log_{1,5} x$ $\qquad$ d) $f_4(x) = 10^x$ $\quad g_4(x) = \log_{10} x = \lg x$

3 Der Graph einer Exponentialfunktion $f_i(x) = y = a_i^{\,x}$ geht durch den Punkt P_i. Um welche Funktion f_i handelt es sich in den einzelnen Fällen?

a) $P_1(1; 2)$ $\quad$ b) $P_2\left(-1; -\frac{1}{3}\right)$ $\quad$ c) $P_3(2; 4)$ $\quad$ d) $P_4(-1; 4)$ $\quad$ e) $P_5(1; 4)$

f) $P_6(0; 1)$ $\quad$ g) $P_7(1; -5)$ $\quad$ h) $P_8(2; 100)$ $\quad$ i) $P_9(3; 5)$ $\quad$ j) $P_{10}\left(-1; -\frac{1}{3}\right)$

4 Wie ändert sich der Funktionswert $f(x_0)$ einer Exponentialfunktion $f(x) = a^x$, wenn man x_0

a) verdoppelt, $\quad$ b) um 1 vergrößert, $\quad$ c) halbiert, $\quad$ d) mit 4 multipliziert?

5 Die Funktion $f(x) = a^x$ nimmt für $x = 2$ den Funktionswert 3 an. Füllen Sie die Tabelle aus, ohne a zu berechnen.

x	2	4	1	−2	−1	8	16
f(x)	3						

6 Berechnen Sie jeweils mit dem Taschenrechner. Verwenden Sie auch die Beziehung $\log_a b = \frac{\lg b}{\lg a}$:

a) $3^{3,5} =$ $\quad$ $4^{\frac{1}{4}} =$ $\quad$ $2{,}5^{-3} =$ $\quad$ $0{,}2^{-\pi} =$

b) $3{,}5^{2,1} =$ $\quad$ $\log_2 3 =$ $\quad$ $\log_3 4 =$ $\quad$ $\log_4 3 =$

c) $\log_2(-3) =$ $\quad$ $(\log_3 5)^2 =$ $\quad$ $\log_3 5^2 =$ $\quad$ $2^x = 7$; $x =$

d) $3^x = 5$; $x =$ $\quad$ $x^4 = 16$; $x =$ $\quad$ $\log_3 x = 7$; $x =$ $\quad$ $3^{0,5x} = 6$

7 Bestimmen Sie zur Funktion f_i die Umkehrfunktion g_i und zeichnen Sie beide in ein Koordinatensystem:

a) $f_1(x) = 3 \lg x$ $\quad$ b) $f_2(x) = \log_2 x$ $\quad$ c) $f_3(x) = 2 \log_3 x$

d) $f_4(x) = \lg(x-1)$ $\quad$ e) $f_5(x) = 2^x - 1$ $\quad$ f) $f_6(x) = \left(\frac{1}{2}\right)^{x+1}$

8 Ermitteln Sie, welche der folgenden Funktionen f_i kongruente Graphen g_i besitzen. Geben Sie die Bewegung an:

$f_1(x) = 2^x$ $\quad$ $f_2(x) = 3^x$ $\quad$ $f_3(x) = \left(\frac{1}{3}\right)^x$ $\quad$ $f_4(x) = \lg x$ $\quad$ $f_5(x) = 2 \cdot 2^x$

$f_6(x) = 0{,}3^x$ $\quad$ $f_7(x) = \log_2 x$ $\quad$ $f_8(x) = 2^x$ $\quad$ $f_9(x) = 2^{-x}$

9 Bestimmen Sie die Funktionsgleichungen aus den dargestellten Graphen von Exponentialfunktionen.

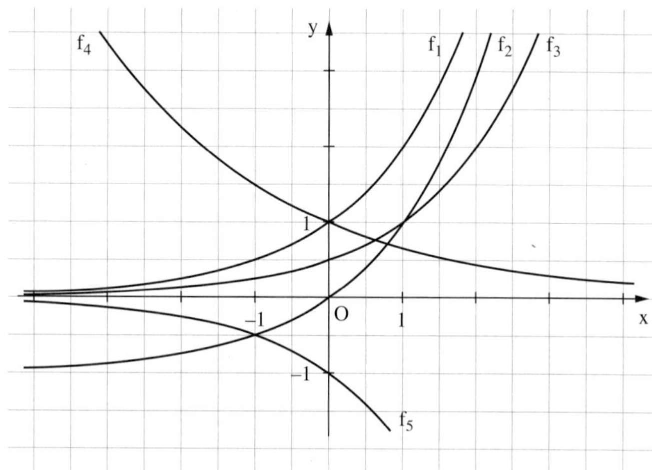

Winkelfunktionen

1 Vervollständigen Sie die folgenden Tabellen:

Winkel α in Gradmaß	0°	30°	60°		135°		210°	270°		360°	
Winkel α im Bogenmaß (arc α)				$\frac{\pi}{2}$		$\frac{5}{6}\pi$			$\frac{11}{6}\pi$		

Winkel α in Gradmaß		720°	−360°		25°				10°	1°	−120°
Winkel α im Bogenmaß (arc α)	π			1		2	3	6			

2 Äquivalente Winkel haben eine Differenz, die ein ganzzahliges Vielfaches von 360° bzw. 2 π ist. Geben Sie den zu α_i äquivalenten Winkel β_i im Bereich $0° \le \beta_i \le 360°$ (bzw. $0 \le \beta_i \le 2\pi$) an:

a) $\alpha_1 = 2\,652°$ b) $\alpha_2 = 1\,572°$ c) $\alpha_3 = -3\,280°$

d) $\alpha_4 = 476°$ e) $\alpha_5 = 2\,730°$ f) $\alpha_6 = 578°$

3 Ergänzen Sie folgende Tabelle:

	30°	−45°	120°	−120°	240°	−300°	405°
sin x							
cos x							
tan x							

4 Ergänzen Sie die nachstehende Tabelle:

f(x) \ x	2			
sin x für x∈[0; 2π[		0,34		
cos x für x∈[0; 2π[			0,5	
tan x für x∈[0; π[und $x \ne \frac{\pi}{2}$				5

5 Bestimmen Sie aus dem Intervall

a) $[0;\, 2\pi[$; b) $x \in \mathbb{R}$

jeweils die Lösungen folgender Gleichungen (ohne Taschenrechner):

① $\sin x = -1$	$\cos x = \frac{1}{2}$	$\sin x = \frac{1}{2}\sqrt{3}$	$\cos x = -\frac{1}{2}\sqrt{3}$
② $\cos x = \frac{1}{2}\sqrt{2}$	$\cos x = 1$	$\sin x = 0$	$\sin x = 1{,}5$
③ $\cos x = 0$	$\sin x = -\frac{1}{2}$	$\sin x = -\frac{1}{2}\sqrt{3}$	$\cos x = -\frac{1}{2}\sqrt{2}$

6 Skizzieren Sie (verschiedenfarbig) die Graphen der Funktion f_i für $0 \le x \le 2\pi$ in ein und dasselbe Koordinatensystem:

$f_1(x) = \sin x$ $f_2(x) = 2\sin x$ $f_3(x) = \sin(2x)$ $f_4(x) = \sin(x + 2)$

7 Die Abbildungen zeigen die Graphen von Funktionen f_i mit $f_i(x) = a_i \sin b_i x$. Geben Sie jeweils a_i und b_i an.

a)
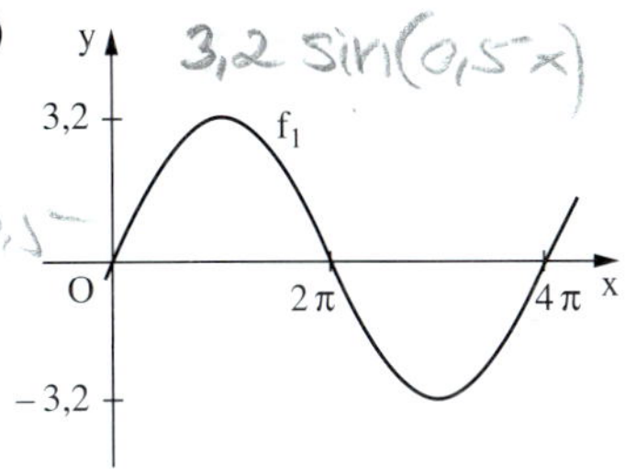

b)
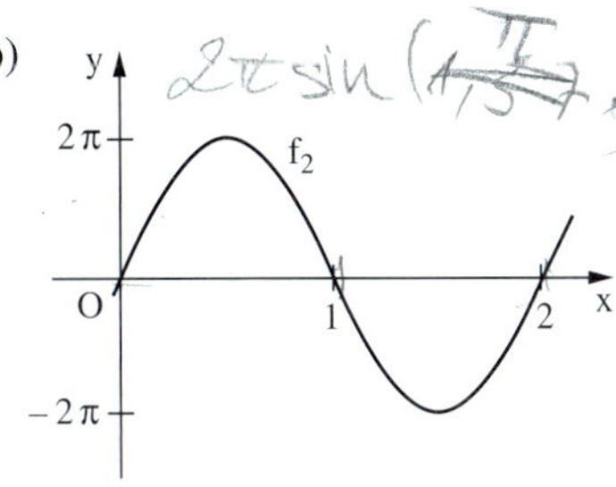

c)
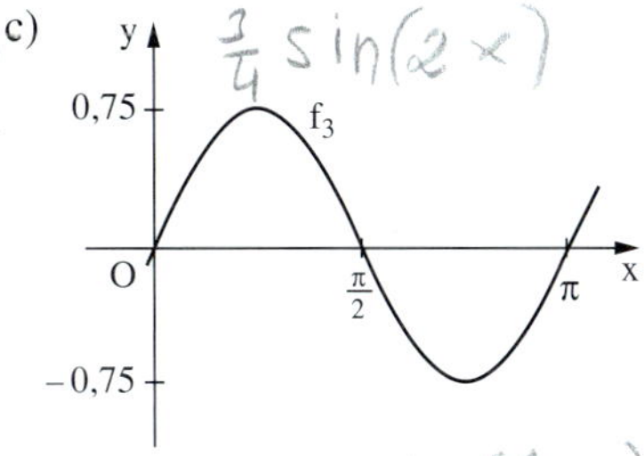

d)
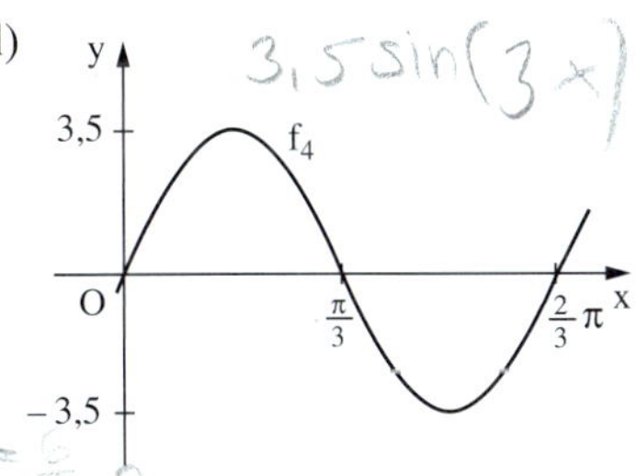

e)
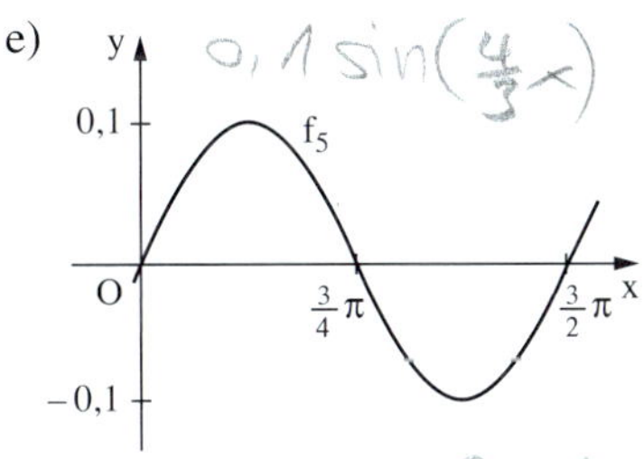

f)
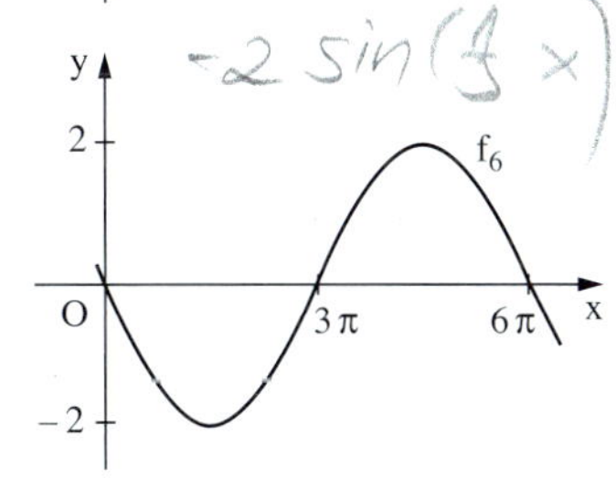

8 Berechnen Sie $x \in [0;\, 2\pi[$.

a) $\sin x + \cos x \cdot \tan x = 1$	b) $\sin x = \cos x$	c) $4\sin^2 x - 4\sin x + 1 = 0$
d) $2\tan^2 x - 1{,}28 = 0$	e) $6\tan x - 3 = 2\tan x$	f) $\cos 3x = -\frac{3}{2}$
g) $\tan 3x = \sqrt{3}$	h) $\cos \frac{1}{4}x = \frac{1}{2}\sqrt{2}$	i) $2\cos 3x + 1 = 0$

9 Vervollständigen Sie unter Bezug auf die angegebenen Dreiecke die Tabelle auf Seite 32:

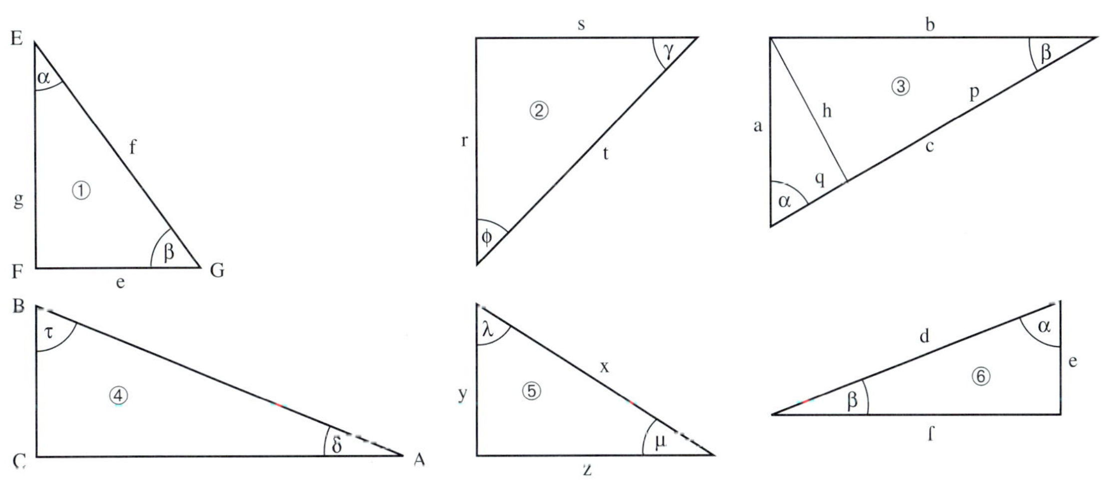

①	sin	cos	tan	
α	$\sin \alpha = \frac{e}{f}$			Hypotenuse: $\overline{EG} = f$
β				Satz des Pythagoras:

②	sin	cos	tan	
γ				Hypotenuse:
φ				Satz des Pythagoras:

③	sin	cos	tan	Kathetensatz
α				Höhe h =
β				Satz des Pythagoras: • $a^2 = h^2 + q^2$ • •

④	sin	cos	tan	
τ				Hypotenuse:
δ				Satz des Pythagoras:

⑤	sin	cos	tan	
λ				Hypotenuse:
μ				Satz des Pythagoras:

⑥	sin	cos	tan	
α				Hypotenuse:
β				Satz des Pythagoras:

10 Geben Sie für das nebenstehende schiefwinklige Dreieck jeweils eine Formel (eine Folge von Formeln) zur Berechnung der nicht gegebenen Stücke an:

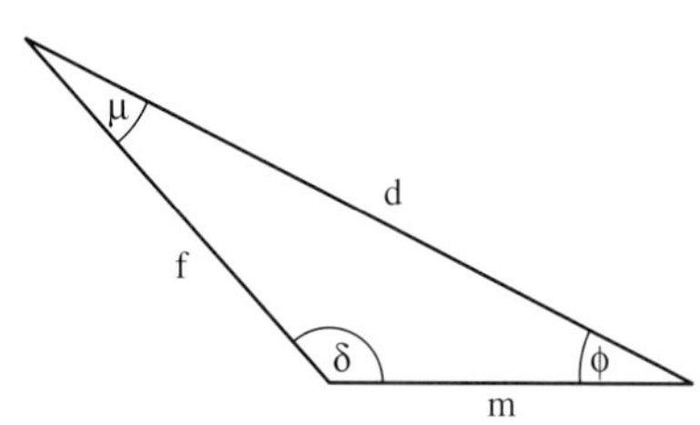

a) Gegeben: ϕ, μ, d

b) Gegeben: ϕ, f, m

c) Gegeben: ϕ, d, m

d) Gegeben: m, d, f

Gleichungen, Ungleichungen und Gleichungssysteme

1 Bestimmen Sie aus den folgenden Gleichungen jeweils x und machen Sie die Probe:
(Die auftretenden Nenner mit Variablen seien stets $\neq 0$.)

a) $6x - (11 - 5x) = -2 \cdot (3x - 37)$

b) $3x - 2b + 5 = 7a$

c) $4ax - 2c = 5$

d) $5x - 2bx = 10 - 4b$

e) $2ax + 3bx = 5 - 2c + x$

2 Bestimmen Sie aus den folgenden Gleichungen den Wert der jeweiligen Variablen:

a)	$20x - 36 = 4 + 12x$	$576 - 6x = 8x + 72$
b)	$4{,}5x - 1{,}5 = 0{,}75x + 6$	$\frac{10}{3}x + 14 = \frac{23}{4}x - 15$
c)	$10x - 10 = 1 - 6x$	$100 - 15z = 15z + 10$
d)	$24n - 35 = 14n$	$7r - 8 = 8r - 10$
e)	$34s - 70 = -16s + 180$	$5t + 24 = 78 - 4t$
f)	$5y - 1000 = -3y$	$120 + 5x = 85 + 15x$
g)	$7x - \frac{3}{4} - 6x = x - 0{,}75$	$\frac{1}{4}x + 1 = \frac{1}{5}x + 2$
h)	$4x - 3 + 2x = 33 + 2x$	$8s + 7 = -4s - 29$
i)	$4 - 9r - 15 = -11r + 29 + 4r$	$12{,}6c + 4{,}9 - 7{,}2c = -24{,}6c + 4{,}1$
j)	$3 - 2m + \frac{1}{3} = 1 - \frac{4}{5}m - \frac{1}{15}$	$0 = \frac{t}{3} - t - 12$
k)	$4 - 3x + 2x = 7 + 3x - 2$	$11 - 3(x + 7) + 7(x - 3) = 2(x + 3) - 3(x - 3(4 - x))$

3 Ermitteln Sie jeweils x:

a) $2a + 3t - 4x + 3 = 5a - t + x$

b) $5t - 3x + 2r = 3x + 5t - 3$

c) $3s - 4a + 5x - 3 = 5x - 4a + 3s + 6$

d) $3x - 4y + 3z + 3 = 5x - 7y + 3z - 4$

4 Ermitteln Sie jeweils x:

a) $5bx + 3c - 3 = 4 + 7c$

b) $5 - 4b + bx = 10 + 8b - 3bx$

c) $2rx - 5c = 6 + 8c - rx$

d) $6 - 3a + 4ax = -5 - 2a + 3ax$

5 Ermitteln Sie jeweils x:

a) $3x + 5bx + 10b = 5x - 3b$

b) $4b - 2rx + 3x = 15 - 10r + 4b$

c) $2s - 5 = sx - 2{,}5x$

d) $3x - 6dx + 12 = 9x + 3dx + 15$

6 Ermitteln Sie jeweils x:

a) $3rx + 6sx = 4 - 7t + x$

b) $5ax - 3sx = 10a - 6s$

c) $7sx + 5rx - 4 = 3bx - 2$

d) $1{,}3ax + 2{,}6bx - 13x = 39x + 13$

7 Bestimmen Sie die Lösungsmenge der nachfolgenden Bruchgleichungen in ℝ:

a) $\frac{8}{5x} - \frac{14}{10x} = \frac{1}{5}$ b) $\frac{3}{x+4} = \frac{1}{x}$

c) $\frac{4}{x-2} = \frac{2x}{x-2}$ d) $\frac{x}{x-1} + \frac{2}{x-2} = \frac{1}{x-1} + \frac{x}{x-2}$

8 Ermitteln Sie die Lösung folgender Bruchgleichungen in ℝ:

a) $\frac{4}{y} + \frac{2}{y} = 6$ $\frac{5}{3x} + \frac{7}{4x} = \frac{41}{60}$ $3 - \frac{3}{2x} = \frac{5}{6} + \frac{2}{3x}$

b) $\frac{2}{3z} - \frac{5}{6} + \frac{1}{z} = 0$ $\frac{1}{4s} = 5 - \frac{1}{6s}$ $\frac{5}{12x+1} = \frac{9}{24x-3}$

c) $\frac{x}{x-6} = \frac{x-8}{x-11}$ $\frac{5}{x} = \frac{2}{3}$ $\frac{6}{x} = \frac{3}{5}$

d) $\frac{3x-9}{x+1} + \frac{2x-4}{x-5} = 5$ $\frac{15}{r-5} - \frac{10}{r-3} = \frac{12}{(r-5)(r-3)}$ $\frac{e}{e+3} + \frac{1}{e+3} = 1$

e) $\frac{f+1}{f-1} - \frac{7}{f-1} = 1$ $\frac{2}{g} = \frac{1}{g-1}$ $\frac{h}{h-7} = \frac{h+5}{h-3}$

f) $\frac{3k^2-2k+1}{4k+2} = \frac{3k}{4}$ $\frac{3}{m+1} + \frac{m+1}{m-1} = \frac{m^2-5}{m^2-1}$ $\frac{1}{2-x} + \frac{1}{x+3} = \frac{5}{(2-x)(x+3)}$

9 Bei den folgenden Aufgaben sei x die Lösungsvariable. Bestimmen Sie die Lösungsmenge der Gleichungen. Achten Sie auf notwendige Falluntersuchungen beim Lösungsweg:

a) $\frac{a}{x} + \frac{b}{x} = c$ $(x \neq 0)$

① für $c \neq 0 \wedge a = -b$:
② für $c \neq 0 \wedge a \neq -b$:
③ für $c = 0 \wedge a = -b$:
④ für $c = 0 \wedge a \neq -b$:

b) $\frac{x+a}{x-a} - \frac{x-a}{x+a} = \frac{8a^2}{x^2-a^2}$ $(x \neq 0, x \neq -a)$

① für $a \neq 0$:
② für $a = 0$:

10 Bestimmem Sie die Lösungsmenge der nachfolgenden Gleichungen. Die Lösungsvariable sei x (Nenner jeweils $\neq 0$):

a) $\frac{a}{x} - \frac{b}{x} = c$ b) $\frac{a}{x} + b = \frac{b}{x} + a$ c) $\frac{a}{bx} = c$ $(b \neq 0)$

d) $\frac{x}{a-x} + \frac{x}{b-x} = -2$ e) $\frac{x}{a} = b$ f) $\frac{1}{x} = \frac{1}{a} + \frac{1}{b}$

g) $\frac{c+1}{x} = c$ h) $\frac{2}{x-d} + \frac{2}{d} = 1$ i) $3a - \frac{1}{x} = 3$

j) $3a + \frac{2}{x-3} = 4$ k) $5a + 4 - \frac{3}{2x+6} = 5$ l) $3 + \frac{6}{3x-3} = 9$

11 Ermitteln Sie aus den folgenden Bruchgleichungen den Wert von x:

a) $\frac{x}{x-1} + 2a = 3$ b) $\frac{2x}{x+3} + 5a = 3$

c) $\frac{x}{2x-1} - a = 4$ d) $\frac{5x}{10ax+3} - 4a = 12$

12 Ermitteln Sie aus den folgenden Bruchgleichungen den Wert von x:

a) $\frac{a}{x} + \frac{3}{x+1} = \frac{2-a}{ax}$ b) $\frac{2}{x} = \frac{2}{2x-2a}$

c) $\frac{x}{3x+3a} - \frac{a}{3x} = \frac{1}{3}$ d) $\frac{1}{ax+1} + \frac{2}{x+a} = 0$

13 Ermitteln Sie die Lösungsmenge der folgenden Betragsgleichung (Probe!):

$|3x - 4| = 7x + 5$

Fall I: $3x - 4 \geq 0$, also $x \geq \frac{4}{3}$ Fall II: $3x - 4 < 0$, also $x < \frac{4}{3}$

14 Ermitteln Sie die Lösungsmenge der folgenden Betragsgleichungen (Probe!):

a) $|8x - 2| = 5x + 3$ b) $|4x + 3| = 2x - 3$ c) $|-2x - 3| = -2x + 7$
d) $|-3x + 8| = 4x - 1$ e) $|-5x - 1| = 3x + 1$ f) $|8x + 3| = 7x - 2$
g) $|4x - 3| = 2x + 3$ h) $|10x - 5| = 2x - 1$ i) $|0{,}6x - 2| = -1{,}4x + 3$

15 Lösen Sie die folgende Ungleichung und stellen Sie die Lösungsmenge L für $L \subset \mathbb{N}$ ($\mathbb{Z}$; $\mathbb{Q}_+$; $\mathbb{R}$) auf einer Zahlengeraden dar:

a) $-2x - 4 < 2$ b) $8x - 4 < 5x + 2$

16 Lösen Sie folgende (lineare) Ungleichungen für $x \in \mathbb{R}$:

a) $x + 4 \leq \frac{4}{3}x + 5$ b) $8 - x > 3$ c) $x - 3{,}5 \geq -4{,}8$
d) $2 + x < -7$ e) $3x - 5 < 4x + 3$ f) $2x + 5 > 7$
g) $3(x + 4) > 4(x - 2)$ h) $14 + 2x < 16 - 2x$ i) $3{,}5(2 + x) > 10{,}5$
j) $(x + 5)(x - 3) < (x + 2)^2$ k) $(3x - 4)^2 \geq (2 - 3x)^2$ l) $\left(\frac{1}{2}x - 2\right)\left(\frac{1}{2}x + 2\right) > \left(\frac{1}{2}x + \frac{2}{3}\right)^2$

17 Geben Sie jeweils fünf (falls möglich) natürliche Zahlen an, die nachfolgende Ungleichungen erfüllen:

a) $3 + x < 10$ b) $4 - 3x > 3$ c) $5 - 4x < 7$
d) $12 + 3x > 8$ e) $x - 6 < 9$ f) $3x + 7 < 11$
g) $2x - 1 < 12$ h) $3x + 2 < 4$ i) $-4x - 3 \geq -12$

18 Gibt es negative reelle Zahlen, die folgende Ungleichungen nicht erfüllen?

a) $x - 3 > 0$ b) $3x + 3 < 0$ c) $x - 2 < 0$ d) $4x + 8 < -4$

19 Geben Sie die Lösungsmenge $L \subseteq \mathbb{R}$ folgender Ungleichungen an:

a) $|x - 3| < 4$ b) $|2x + 3| < 5$ c) $|3x - 2| \geq 2$ d) $|-5x + 3| \leq -2$

20 Lösen Sie die Ungleichung $\frac{6}{x-1} < 1$. Beachten Sie, dass der Nenner sowohl positiv als auch negativ sein kann und führen Sie eine Fallunterscheidung durch.

21 Lösen Sie die folgenden Bruchungleichungen:

a) $\frac{x-3}{x} > 0$ b) $\frac{z+1}{z-1} < 0$ c) $\frac{10}{x+2} > 5$

d) $\frac{2}{r-3} < 4$ e) $\frac{y-4}{2y+3} < \frac{1}{2}$ f) $\frac{x-3}{2x+1} > 14$

g) $\frac{3x-4}{4} \leq \frac{2x+3}{-2}$ h) $\frac{x+3}{x} \leq \frac{4x+2}{x}$ i) $\frac{3d-7}{4d} \geq \frac{5d+2}{d}$

22 Lösen Sie rechnerisch folgende linearen Gleichungssysteme unter Verwendung geeigneter Methoden:

a) (I) $y-4=3x+1$
(II) $y-4=4x-4$

b) (I) $y=-\frac{1}{2}x+5$
(II) $2y+3x-6=0$

c) (I) $4x-3y=7$
(II) $8x+y=\frac{7}{3}$

23 Folgende lineare Gleichungssysteme sind rechnerisch zu lösen. Überprüfen Sie durch grafische Veranschaulichung (Geraden) die Richtigkeit Ihrer Rechnung.

a) (I) $2x+3y=7$
(II) $3x-y=5$

b) (I) $x-y=4$
(II) $3x+y=8$

c) (I) $\frac{x}{10}+\frac{y}{7}=1$
(II) $2x-y=-3$

d) (I) $y=\frac{x}{2}-3$
(II) $y=-\frac{3}{4}x+5$

24 Bestimmen Sie die Lösungsmengen folgender linearer Gleichungssysteme rechnerisch:

a) (I) $y=x$
(II) $y=-x+3$

b) (I) $y=-x+7$
(II) $y=x-1$

c) (I) $y=\frac{x}{2}-1{,}5$
(II) $y=-2x+3{,}5$

d) (I) $2x=y-1$
(II) $2y=x-4$

e) (I) $3x-5y=0{,}5$
(II) $5x-3y=5{,}1$

f) (I) $2x+2y=-2$
(II) $-4x-3y=0$

g) (I) $3x-2y=7$
(II) $-1x+2y=-5$

h) (I) $-3x+6y=0$
(II) $4x+8y=32$

i) (I) $2x+3y=1$
(II) $-5x-6y=-4$

j) (I) $y=4x-1$
(II) $3x-y=1{,}5$

k) (I) $y=2x-1$
(II) $-2x+y=4$

l) (I) $3x+4y=12$
(II) $-6x-8y=-24$

25 Berechnen Sie die Koordinaten von eventuellen Schnittpunkten der Graphen von f_i und g_i:

a) $f_1(x)=5x+7$ $g_1(x)=2x+10$ b) $f_2(x)=5x-3$ $g_2(x)=7+4x$

c) $f_3(x)=2x+7$ $g_3(x)=-4x+12$ d) $f_4(x)=4x$ $g_4(x)=-7x-22$

e) $f_5(x)=18+9x$ $g_5(x)=27+5x$ f) $f_6(x)=5x+2$ $g_6(x)=20-x$

g) $f_7(x)=-6x+8{,}4$ $g_7(x)=9x-9{,}6$ h) $f_8(x)=15(x+2)$ $g_8(x)=6(2x+7)$

i) $f_9(x)=7(3x-2)$ $g_9(x)=21x+3$ j) $f_{10}(x)=8(-3x+4)$ $g_{10}(x)=-6(4x-2)$

k) $f_{11}(x)=6(4-8x)$ $g_{11}(x)=-12(4x-2)$ l) $f_{12}(x)=6(x-3)$ $g_{12}(x)=5(3-x)$

26 Lösen Sie das lineare Gleichungssystem aus drei Gleichungen mit drei Unbekannten:

(I) $x-3y-2z=3$
(II) $3x+y-z=4$
(III) $2x+2y+z=7$

27 Geben Sie die Lösungen – falls vorhanden – der folgenden Gleichungssysteme an:

a) $\begin{aligned} -x + y + z &= 7 \\ x - y + z &= 13 \\ x + y - z &= 17 \end{aligned}$
b) $\begin{aligned} -x + y - z &= -13 \\ x + y + z &= 17 \\ -x + y + z &= 7 \end{aligned}$
c) $\begin{aligned} x + y - z &= 17 \\ x - y + z &= 13 \\ -x + y - z &= 7 \end{aligned}$

d) $\begin{aligned} x + y &= 100 - z \\ 2y - 200 &= -2(x + z) \\ 150 - 1{,}5z &= \frac{3x + 3y}{2} \end{aligned}$
e) $\begin{aligned} x + y &= 28 \\ x + z &= 30 \\ y + z &= 32 \end{aligned}$
f) $\begin{aligned} x + y + z &= 4 \\ 2x + y + 3z &= 3 \\ 3x + 2y + 4z &= 10 \end{aligned}$

g) $\begin{aligned} x - y + z &= 4 \\ 2x + y + 3z &= 3 \\ 3x - 3y + 4z &= 10 \end{aligned}$
h) $\begin{aligned} 4y + 8z &= 4x + 12 \\ -x - 3 &= -y - 2z \\ 2x - 2y &= 4z - 6 \end{aligned}$
i) $\begin{aligned} x + y + z &= 9 \\ 3x - y + 2z &= 11 \\ 2x + 3y - 4z &= -3 \end{aligned}$

j) $\begin{aligned} x + y - z &= 1 \\ 2x + 3y - 3z &= 0 \\ 3x - 2y + z &= 6 \end{aligned}$
k) $\begin{aligned} x - 2y + z &= 0 \\ 2x + y - z &= 1 \\ -x - y + 2z &= 3 \end{aligned}$
l) $\begin{aligned} x + y - z &= 1 \\ 2x + 3y - 3z &= 0 \\ 3x + 4y - 4z &= 1 \end{aligned}$

28 Lösen Sie die folgenden quadratischen Gleichungen:

a) $x^2 - 9 = 0$ b) $x^2 + 3x = 0$ c) $x^2 - 5x + 6 = 0$ d) $3x^2 + x - \frac{1}{4} = 0$

29 Lösen Sie die folgenden quadratischen Gleichungen möglichst ohne Anwendung der Lösungsformel:

a) $x^2 = 256$ b) $x^2 = 324$ c) $x^2 = 32{,}4$
d) $x^2 - 0{,}25 = 0$ e) $x^2 - 169 = 0$ f) $2x^2 - 450 = 0$
g) $x^2 + 2{,}25 = 0$ h) $x^2 - 4{,}41 = 0$ i) $2x^2 - 8 = 0$
j) $5x^2 - 125 = 0$ k) $3x^2 - 1{,}8 = 0$ l) $3x^2 - 1{,}8x = 0$
m) $x^2 - 12x = 0$ n) $5x^2 - 35x = 0$ o) $8x^2 - 48x = 0$
p) $(x - 3)^2 = 1{,}96$ q) $x^2 + 6x + 9 = 0$ r) $x^2 + 12x + 36 = 0$
s) $x^2 - 4x + 4 = 0$ t) $4x^2 + 16x + 16 = 0$ u) $3(x - 1)^2 - 3 = 45$

30 Lösen Sie folgende quadratische Gleichungen (gegebenenfalls unter Verwendung der Lösungsformel):

a) $x^2 + x - 12 = 0$ $x^2 + x - 90 = 0$ $2x^2 + 4x + 5 = 0$
b) $x^2 - 0{,}3x - 0{,}02 = 0$ $8r^2 - 6r + 1 = 0$ $x^2 + 6{,}51 = 5{,}2x$
c) $4x^2 + 8x - 5 = 0$ $x^2 - 40x + 111 = 0$ $x^2 - 17x + 60 = 0$
d) $x^2 - \frac{3}{2}x + \frac{9}{16} = 0$ $u^2 - 10u + 32 = 0$ $(2k)^2 + 8k = -2$
e) $3s^2 - 24s + 45 = 0$ $14s^2 - 71s = 33$ $91x^2 - 45 = 2x$
f) $2x^2 - 13{,}6x + 15{,}9 = 0$ $\frac{2x^2 + x}{3} = 5$ $\frac{x^2}{2} + 3x = x - 2$

31 Bestimmen Sie jeweils die Koordinaten der Schnittpunkte der Graphen von f_i mit der x-Achse:

	S_1	S_2
$f_1(x) = x^2 - 3x + 2$		
$f_2(x) = x^2 - 6x + 9$		
$f_3(x) = x^2 + x - 6$		
$f_4(x) = 8x^2 - 6x + 1$		
$f_5(x) = x^2 + 1{,}96$		
$f_6(x) = x^2 - x - 12$		

	S_1	S_2
$f_7(x) = x^2 + 5x - 14$		
$f_8(x) = x^2 - 1\,100\,x + 100\,000$		
$f_9(x) = 0{,}1x^2 - 4{,}1x + 42$		
$f_{10}(x) = \frac{1}{5}x^2 - \frac{17}{5}x - 46$		
$f_{11}(x) = x^2 - 2x - 15$		
$f_{12}(x) = -x^2 + \frac{1}{2}x - \frac{1}{16}$		

32 Sind x_1 und x_2 Lösungen der Gleichung $x^2 + px + q = 0$, so gilt $x^2 + px + q = (x - x_1) \cdot (x - x_2)$. Zerlegen Sie analog die nachfolgenden Terme in Linearfaktoren:

a) $x^2 + 2x - 15 =$

b) $2x^2 + 4x - 30 =$

33 Zerlegen Sie folgende Terme in Linearfaktoren:

a) $x^2 + 2x - 15 =$ b) $x^2 - 5x - 14 =$ c) $y^2 - y - \frac{1}{4} =$

d) $z^2 + 2{,}5z - 1{,}5 =$ e) $3x^2 - 2x - 8 =$ f) $6x^2 + x - 1 =$

g) $-7x^2 + 22x - 3 =$ h) $5y^2 - 10y - 10 =$ i) $-3k^2 - \frac{1}{2}k + \frac{1}{2} =$

34 Bestimmen Sie mit dem Wurzelsatz des Vieta jeweils den Wert der Parameter p und q in $x^2 + px + q = 0$, wenn die Gleichung die Lösungsmenge $L = \{x_1; x_2\}$ hat:

a) $x_1 = 3;\ x_2 = 4$ b) $x_1 = 1;\ x_2 = 0$ c) $x_1 = -2;\ x_2 = 3$ d) $x_1 = 4;\ x_2 = 5$

e) $x_1 = 3;\ x_2 = -2$ f) $x_1 = 0;\ x_2 = -1$ g) $x_1 = 2;\ x_2 = 2$ h) $x_1 = -2;\ x_2 = -3$

35 Geben Sie die Gleichung der quadratischen Funktion f mit $f(x) = x^2 + bx + c$ an, welche die Nullstellen x_1 und x_2 besitzt:

x_1	x_2	f(x) =
−1	3	
4	−5	
3	2	
2	−2	
3	−4	

x_1	x_2	f(x) =
−1,5	2,8	
$\frac{4}{5}$	$\frac{3}{2}$	
$\frac{7}{8}$	$\frac{2}{5}$	
0,1	3	
$\sqrt{2} - \sqrt{3}$	$\sqrt{2} + \sqrt{3}$	

36 Bestimmen Sie b so, dass x_1 eine Lösung der angegebenen Gleichung ist. Wie lautet dann die zweite Lösung (falls sie existiert)?

a) $x^2 + bx - 21 = 0;\ x_1 = 7$ b) $x^2 + 11x + b = 0;\ x_1 = -2$

c) $2x^2 + bx - 1 = 0;\ x_1 = 1$ d) $x^2 + bx + 4 = 0;\ x_1 = -2$

e) $4x^2 + 2x + b = 0;\ x_1 = -1$ f) $6x^2 + bx - 6 = 0;\ x_1 = \frac{2}{3}$

37 Lösen Sie durch geeignete Substitution die folgende Gleichung:

$x^4 - 5x^2 + 4 = 0;$ $\quad x^2 = u \quad$ $x = \pm\sqrt{u}$

38 Lösen Sie durch geeignete Substitution bzw. durch Vereinfachung folgende Gleichungen:

a) $3x^6 - 6x^3 - 9 = 0$ b) $x^5 - 5x^3 + 4x = 0$ c) $10x^4 - x^2 - 21 = 0$

d) $x^6 + 2x^4 - 15x^2 = 0$ e) $x^8 + 2x^4 - 8 = 0$ f) $x + 2\sqrt{x} - 3 = 0$

g) $\sin^2 x - \sin x + \frac{1}{4} = 0 \quad \left(0 \le x < \frac{\pi}{2}\right)$ h) $\sin^2 x - \frac{1}{2} = 0 \quad (0 \le x \le \pi)$ i) $(\lg x)^2 - 4\lg x + 4 = 0$

j) $(\lg x)^2 + 2\lg x + 1 = 0$ k) $(\log_4 x)^2 - \log_4 x + \frac{1}{4} = 0$ l) $\sin^2 x + \cos^2 x = 5 - x^2$

39 Lösen Sie folgende Wurzelgleichungen:
Beachten Sie: Da Quadrieren einer Gleichung eine nichtäquivalente Umformung darstellt, ist eine Probe stets erforderlich.

a) $\sqrt{4x} = 6$ b) $\sqrt{7x + 4} = \sqrt{31 - 2x}$

c) $\sqrt{x + 1} = \sqrt{2x + 3} - 1$ d) $\sqrt{3x - 2} - 5 = -\sqrt{2x + 5}$

40 Lösen Sie folgende Wurzelgleichungen:

a) $\sqrt{7x + 3} = 0$ b) $\sqrt{6x - 5} = 8$ c) $\sqrt{5x + 2} = \sqrt{7x - 2}$

d) $\sqrt{2x + 5} = x - 5$ e) $\sqrt{8x - 8} = 2x - 2$ f) $\sqrt{x + 2} = -x - 3$

g) $x + \sqrt{x} - 12 = 0$ h) $x - \sqrt{x} - 12 = 0$ i) $\sqrt{3x + 7} - \sqrt{4 - x} = 3$

j) $\sqrt{3x + 7} + \sqrt{4 - x} = 3$ k) $-\sqrt{3x + 7} + \sqrt{4 - x} = 3$ l) $-\sqrt{3x + 7} - \sqrt{4 - x} = 3$

41 Es gilt: lg 2 = 0,301; lg 3 = 0,477; lg 5 = 0,699 und lg 7 = 0,845. Wenden Sie die Logarithmengesetze (siehe auch Seite 13, Aufgabe 16) zur Berechnung der folgenden Terme (ohne Taschenrechner) an:

a) $\lg 6 = \lg(2 \cdot 3) =$ b) $\lg \frac{2}{3} =$ c) $\lg 35 =$

d) $\lg 60 =$ e) $\lg 25 =$ f) $\lg 27 =$

g) $\lg 15^3 =$ h) $\lg \frac{4}{15} =$ i) $\lg 0{,}4 =$

j) $\lg 1 =$ k) $\lg 4^{15} =$ l) $\lg 0{,}5 =$

m) $\lg \frac{1}{5} = \lg 5^{-1} =$ n) $\lg 10 =$ o) $\lg 20 =$

42 Vereinfachen Sie folgende Terme:

a) $\lg 3x + \lg 4x =$ b) $\lg 2x - \lg 6x =$ c) $2\lg x - \lg 2x =$

d) $3\lg 2x^2 + \lg 0{,}25x =$ e) $5\lg 3x - 2\lg\sqrt{2x} =$ f) $4\lg 5x - \lg 25 =$

43 Lösen Sie folgende Logarithmengleichungen:

a) $\lg x = 2$	$\lg x = -3$	$\log_2 x = 5$
b) $\log_6 x = 3$	$\log_{\frac{1}{64}} x = \frac{1}{3}$	$\log_2 x = 4$
c) $\log_3 x = -2$	$\log_x a = 1$	$\log_x 0{,}000001 = -6$
d) $\log_p \frac{1}{p^4} = x$	$\log_{64} x = -\frac{1}{3}$	$x = \log_c \frac{1}{c} + \log_{\frac{1}{c}} c$
e) $\lg 10\,000 = x$	$\lg 10^{-5} = x$	$\log_2 x = 7$
f) $\log_3 x = 4$	$\log_5 x = 4$	$\log_{\frac{1}{2}} x = 7$
g) $\log_{\frac{1}{2}} x = \frac{1}{2}$	$\log_{\frac{1}{3}} 27 = x$	$\log_8 2 = x$
h) $\log_x 36 = 2$	$\log_x 81 = -4$	$\log_x 3 = \frac{1}{3}$

44 Berechnen Sie jeweils x mithilfe des Taschenrechners.
Nutzen Sie die Beziehung: $\log_b a = x \Leftrightarrow a = b^x \Leftrightarrow \lg a = \lg b^x = x \lg b \Leftrightarrow x = \frac{\lg a}{\lg b}$

a) $\log_3 205 = x$	b) $\log_{2,5} 10 = x$	c) $\log_6 345 = x$
d) $\log_6 0{,}345 = x$	e) $\log_{0,5} 2{,}3 = x$	f) $\log_{0,5} 0{,}003 = x$

45 Ermitteln Sie die Lösungen folgender Gleichungen (auf drei Dezimalstellen genau) bzw. fassen Sie mithilfe der Logarithmengesetze zusammen und lösen Sie nach x auf:

a) $\lg(x^2 - 21) = 2$	b) $\lg(x^2 - 4x) = 2$
c) $\lg(x - 3) = 3$	d) $\log_5(1 - 2x) = 4$
e) $\log_3(x^2 + 4x + 9) = 2$	f) $\log_4(5x + 4) = 4$
g) $\lg 3 + \lg x = \lg(1\,000 - 5x)$	h) $\lg x = \lg a - \lg b \quad (a, b > 0)$
i) $\lg x = 3 \lg b \quad (b > 0)$	j) $\lg x = \frac{1}{3}\lg a + \frac{1}{2}\lg b - \lg c$
k) $\lg x = 3\lg a + 2\lg b - 4\lg c$	l) $\lg(x - 1) + \lg 3 = \lg(x^2 - 1)$
m) $\lg x - \lg 4 = \lg 35 - \lg(x + 4)$	n) $\frac{1}{\lg x + 1} - \frac{3}{\lg x - 3} = 2$
o) $\lg(x + 1)^2 = \lg 2 + \lg(x + 1) + \lg(x - 1)$	p) $\lg(x - 2) - \frac{1}{2}\lg 4 = \frac{1}{3}\lg 125 - \lg(x + 1)$

46 Ermitteln Sie die Lösungen folgender Exponentialgleichungen:

a) $3^x = 7$	$13^{x-2} = 2\,526$	
b) $3^x - 81 = 0$	$a^{2x} - 5a^x + 6 = 0$	(Ersetzen Sie $a^x = z$)
c) $4 \cdot 5^x = 81$	$0{,}5 \cdot 3{,}2^x = 1$	
d) $3 \cdot 2^{x-5} = 7$	$21 \cdot 2^{x-3} = 42$	
e) $4 \cdot 3^{3x-2} = -7$	$2^{x-1} = 4$	
f) $3^{x+1} + 3^x = 108$	$2^{x+1} + 3^x = 2^x + 3^{x+2}$	
g) $7^x - 7^{x-1} = 6$	$5^{2x} - 3 \cdot 5^x + 2 = 0$	

Geometrische Berechnungen unter Anwendung bekannter Formeln und Sätze

1 Ermitteln Sie den Flächeninhalt folgender grau unterlegter Figuren (Kästchengröße 1 cm × 1 cm):

a) 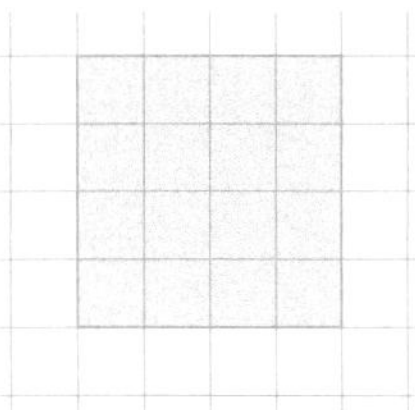

b) 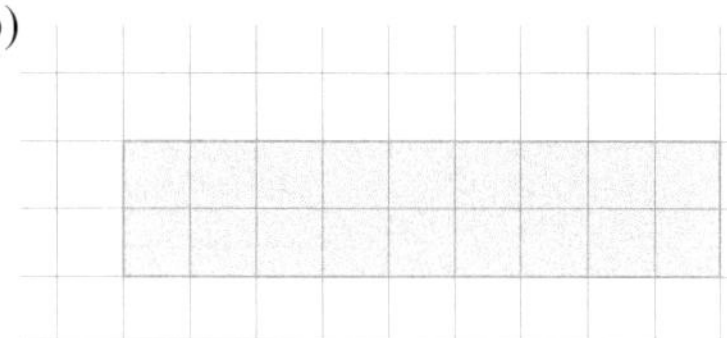

c) 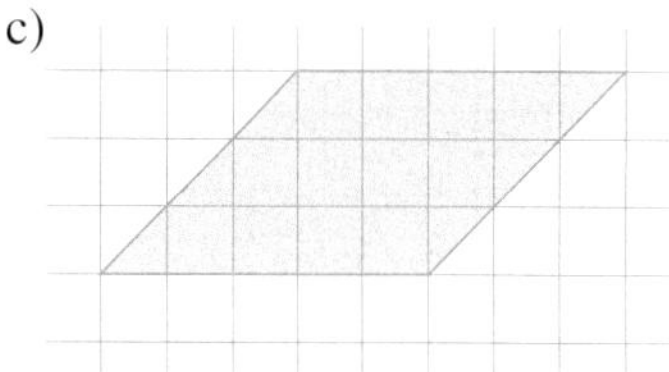

d) 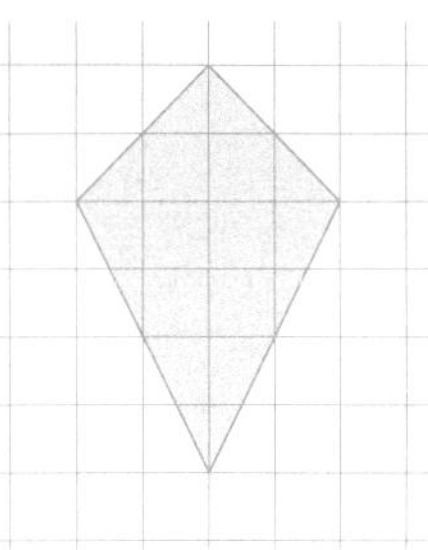

e) 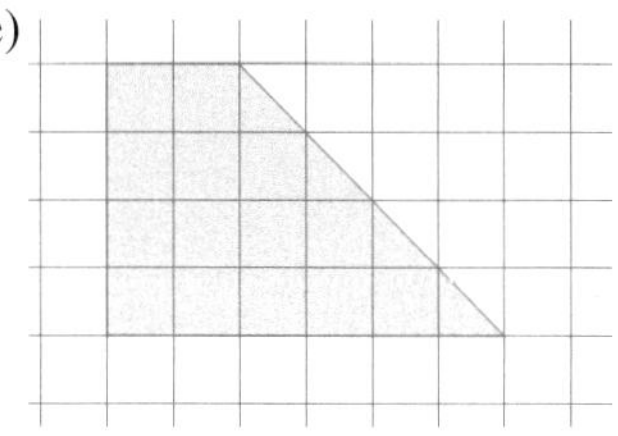

f) 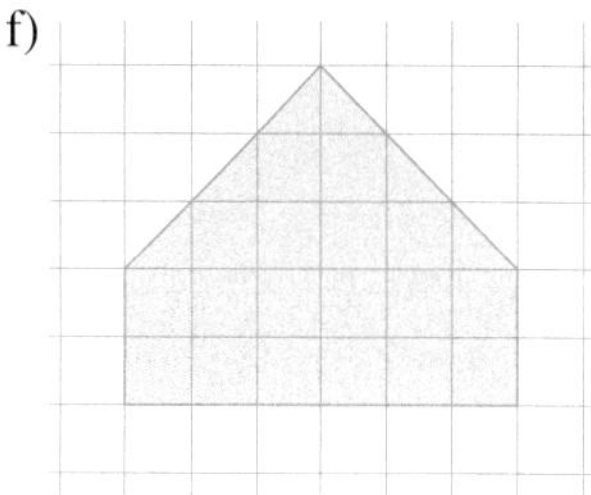

g) 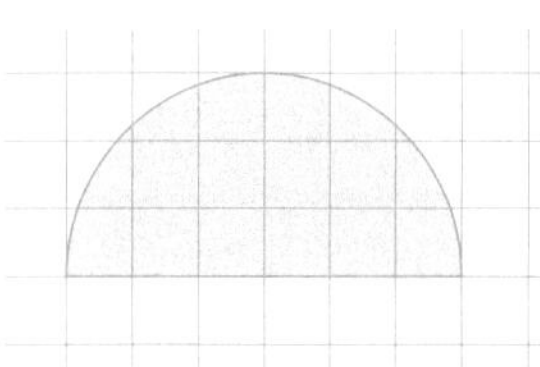

h) 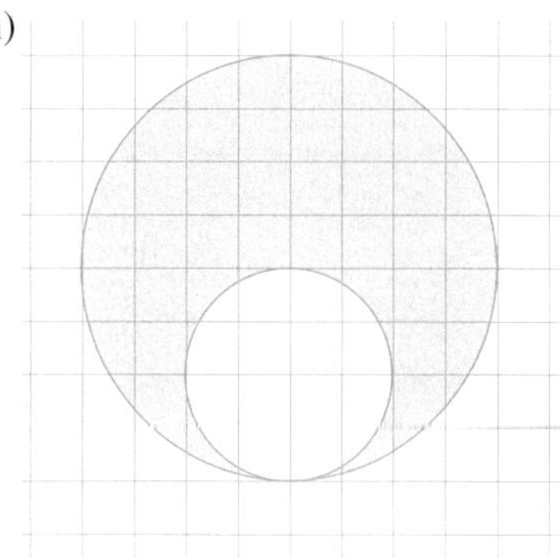

i) 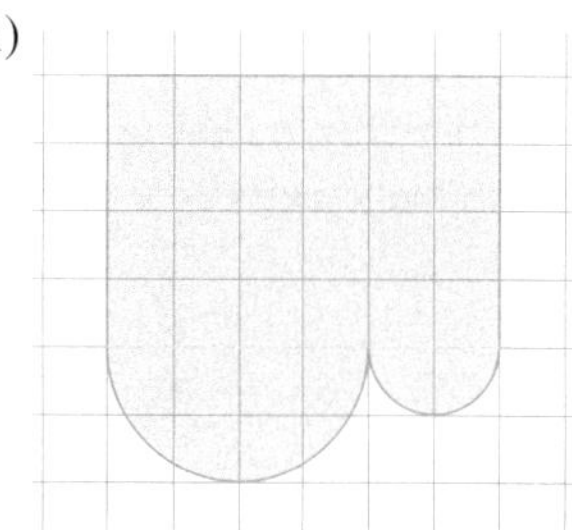

j) 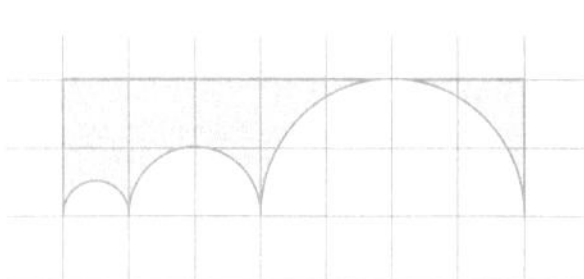

k) 

l) 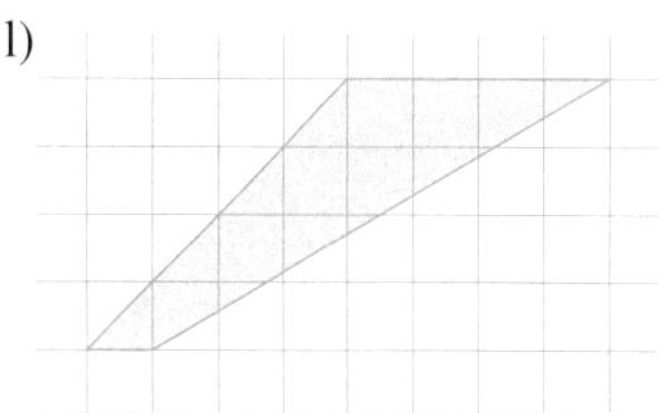

m) 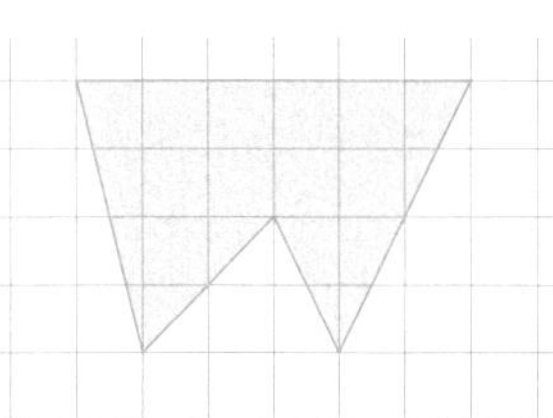

n) 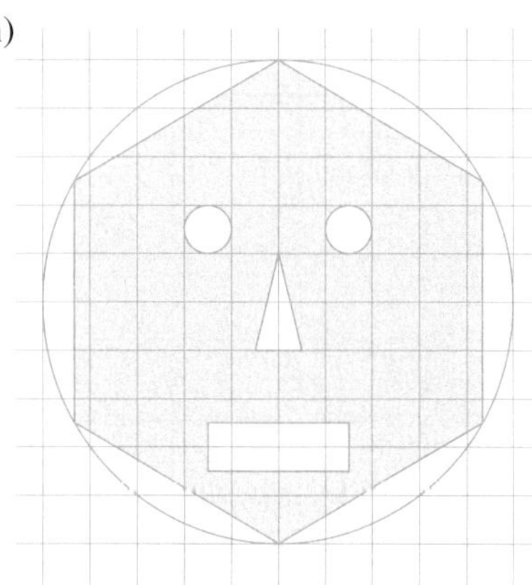

o) 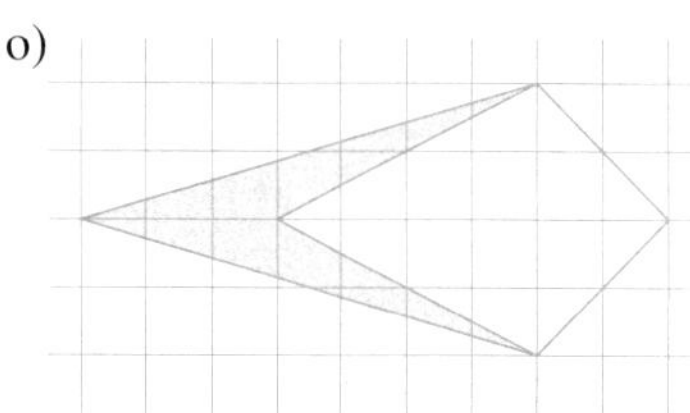

2 Berechnen Sie für die nachfolgend skizzierten Körper jeweils Oberflächeninhalt und Volumen (Maßangaben in Zentimeter):

a)

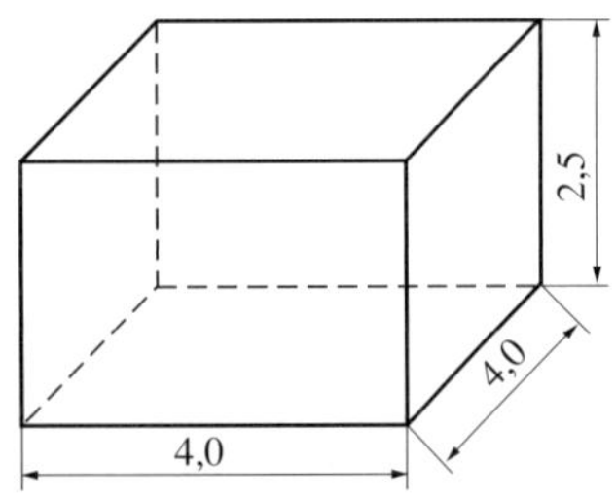

b)

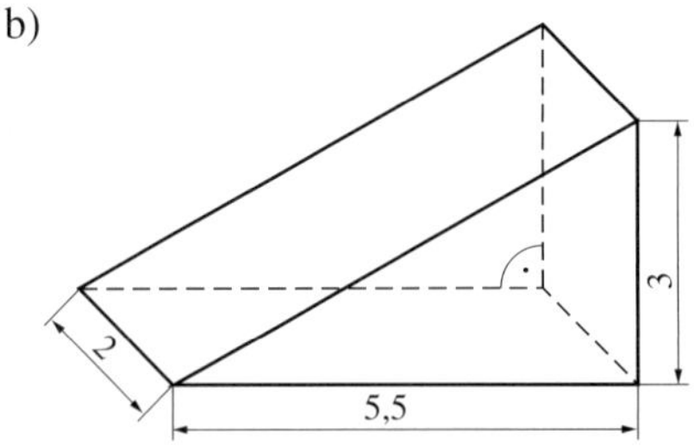

c)

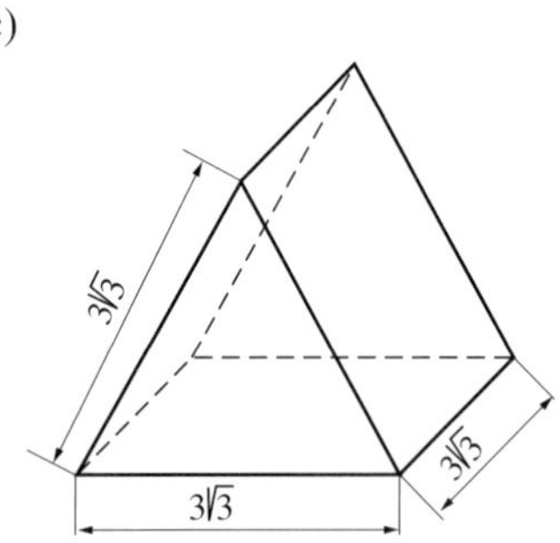

Die nachfolgenden geraden Pyramiden haben eine regelmäßige Grundfläche.

d)

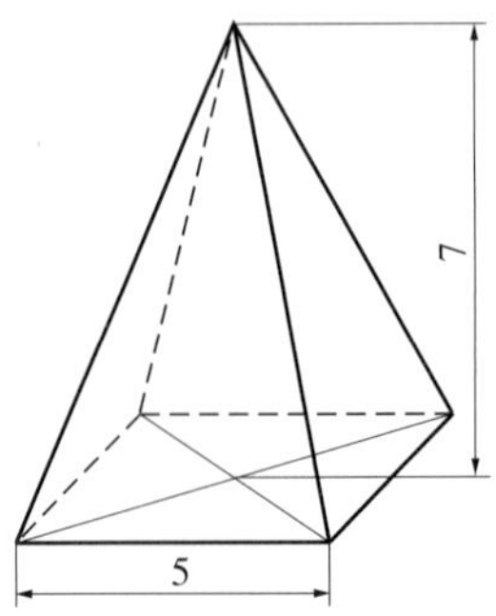

e)

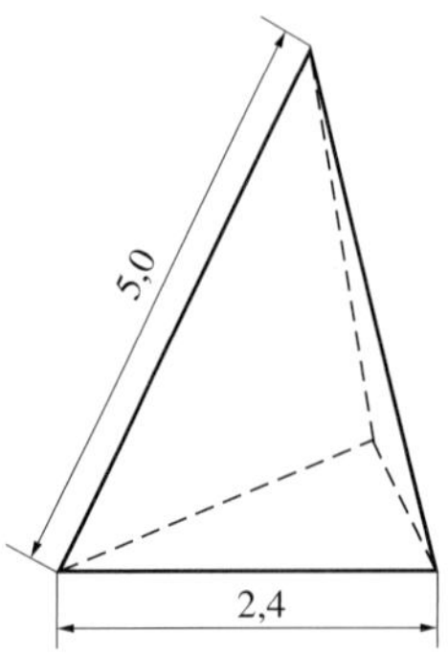

f)

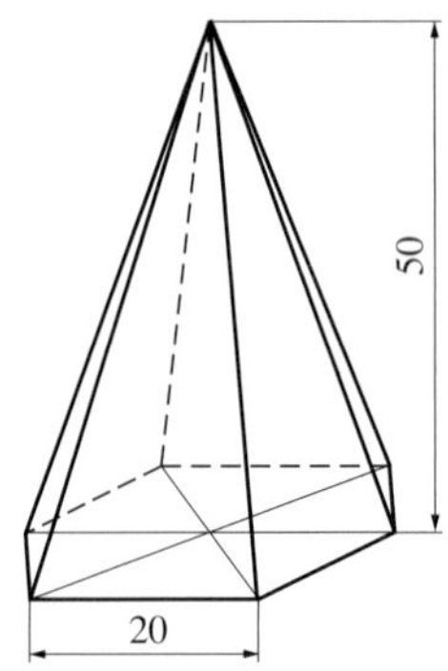

g)

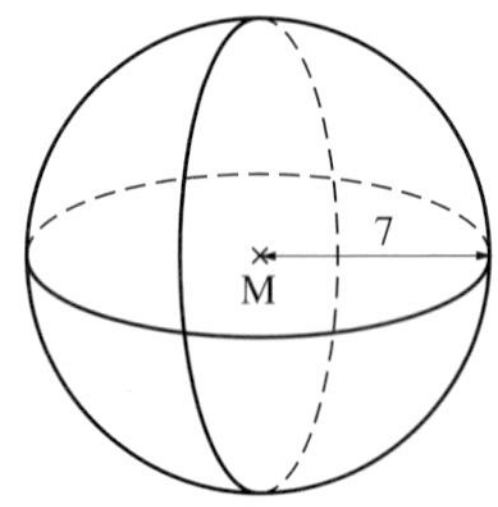

h)

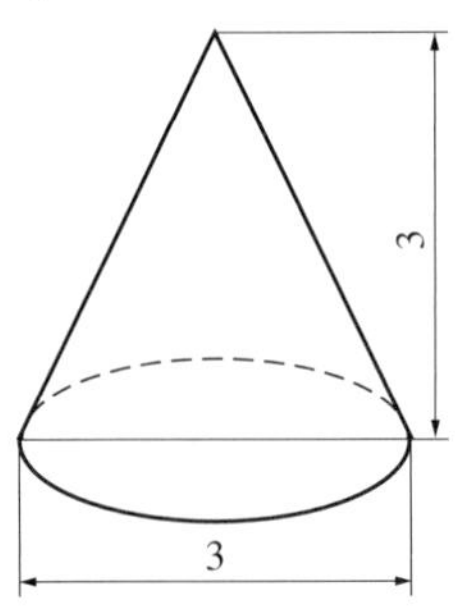

i)

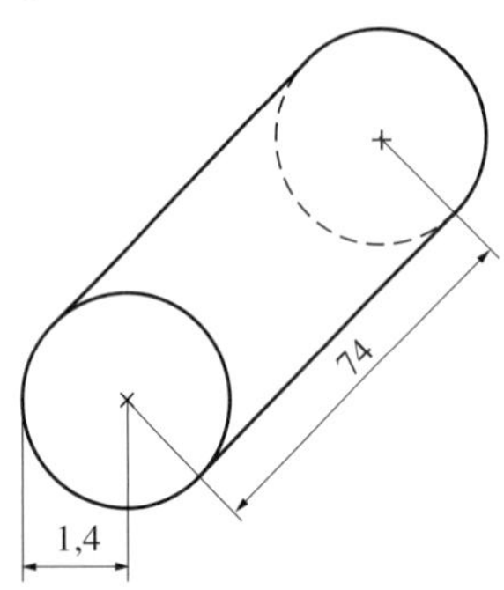

j)

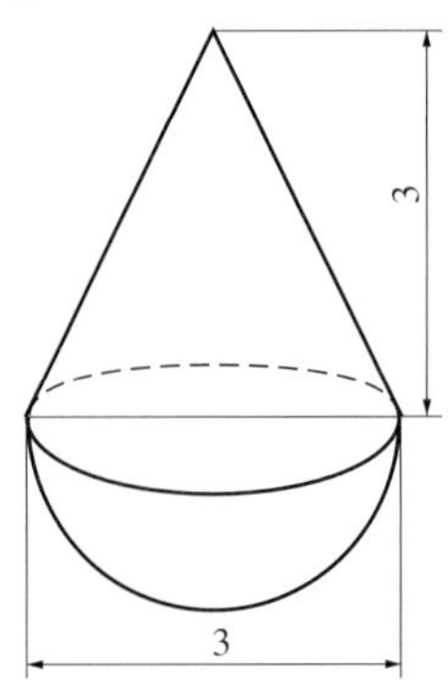

k)

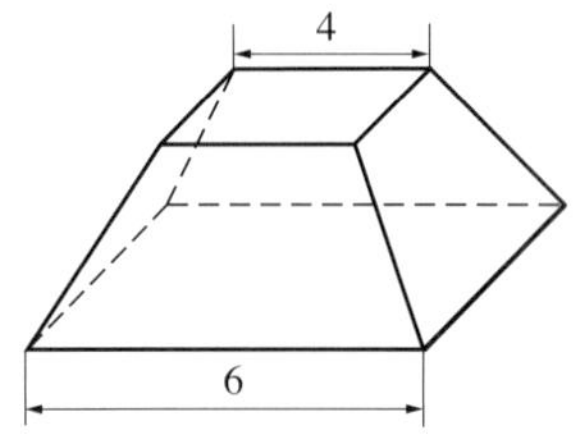

3 Vervollständigen Sie die nachfolgende Tabelle für eine Pyramide mit rechteckiger Grundfläche:

	a	b	h_K	s	h_a	h_b	A_O	A_M	V
a)	4 cm	4 cm	6 cm						
b)	4 cm	5 cm	6 cm						
c)	40 mm	8 cm		5 cm					
d)	5 cm	6 cm							100 cm^3
e)	7 cm		8 cm						168 cm^3
f)	6 cm				14 cm	14 cm			

Skizze:

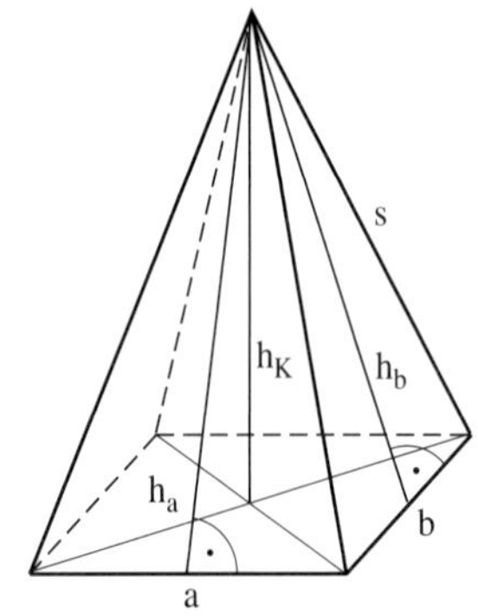

4 Ergänzen Sie unter Bezug auf die folgenden Figuren die angegebenen Tabellen:

a)

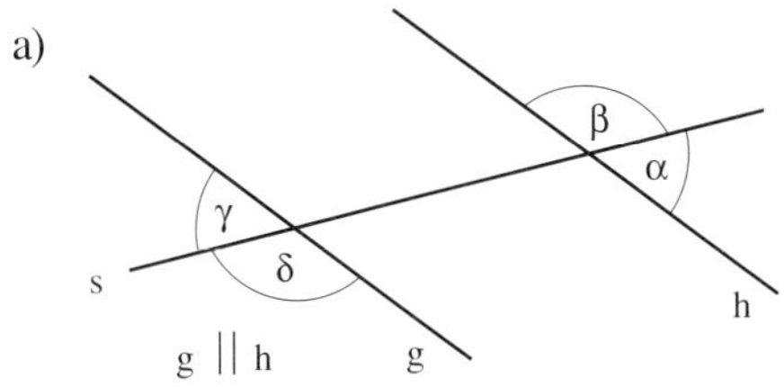

α	β	γ	δ
47°			
	121°		
		70°	
			163°
	x		
	2α		
3β			

b)

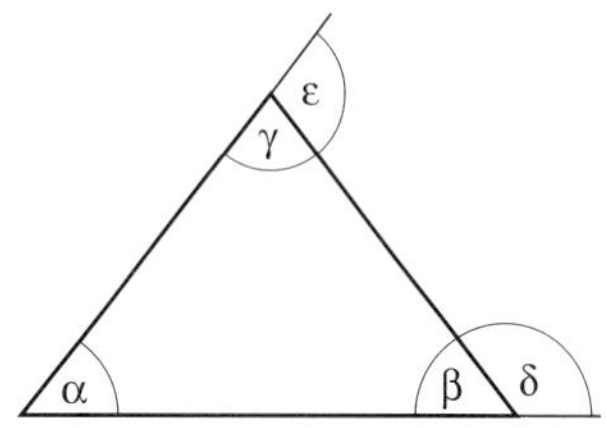

α	β	γ	δ	ε
50°	40°			
45°			105°	
	30°	30°		
			100°	140°
70°			120°	
	α	α		
		β	5β	

5 Bestimmen Sie in den nachfolgenden Figuren die Größen der unbekannten Winkel. Begründen Sie.

a)

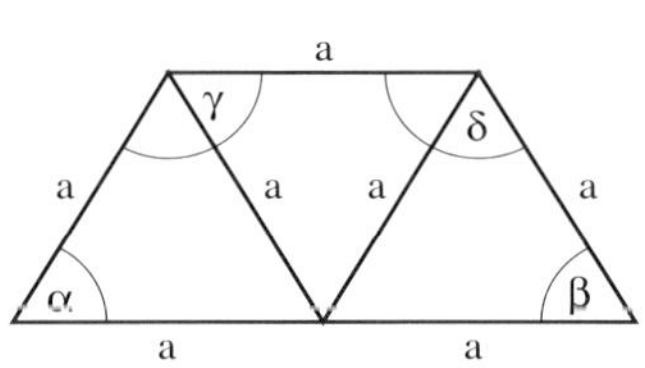

b)

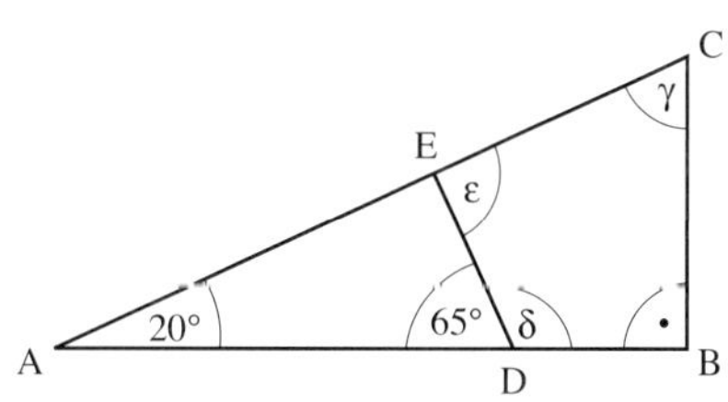

c)

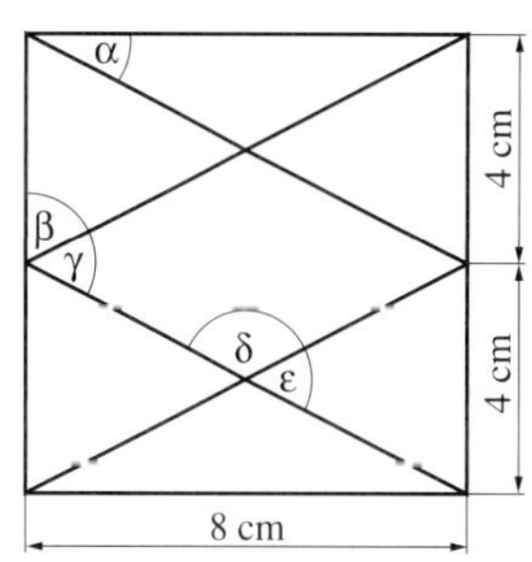

a) α = β = γ = δ =

b) δ = ε = γ =

c) α = β = δ = ε = γ =

6 Stellen Sie die Formeln für regelmäßige Vielecke (n-Ecke) bereit.

Innenwinkel:

Umfang:

Flächeninhalt:

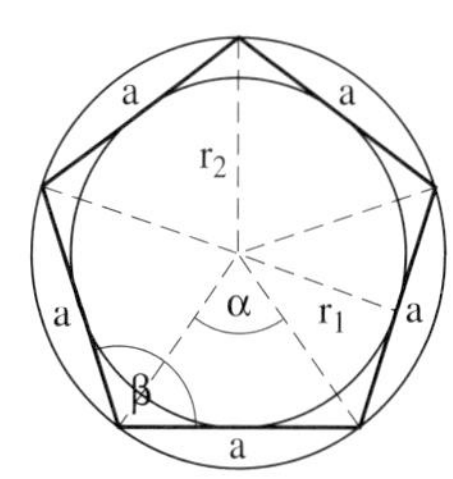

7 Ergänzen Sie die folgende Tabelle:

	n	α	a	u	r_1	r_2	A
regelmäßiges Viereck:			5 cm				
regelmäßiges Fünfeck			5 cm				
regelmäßiges Sechseck				60 cm			
regelmäßiges		45°		40 cm			
regelmäßiges	3		10 cm				

8 Spiegeln Sie das △ ABC an der y-Achse.
Drehen Sie das entstandene Dreieck A'B'C' um P(0; 0) um 90°.
Strecken Sie das Dreick A'B'C' vom Streckungszentrum Z_1 (0; 0) mit dem Faktor 2.
Strecken Sie das Dreieck A"B"C" vom Zentrum Z_2 (0; –6) aus mit k = –1.
Bestimmen Sie jeweils die Eckpunktskoordinaten der entstandenen Bilddreiecke.

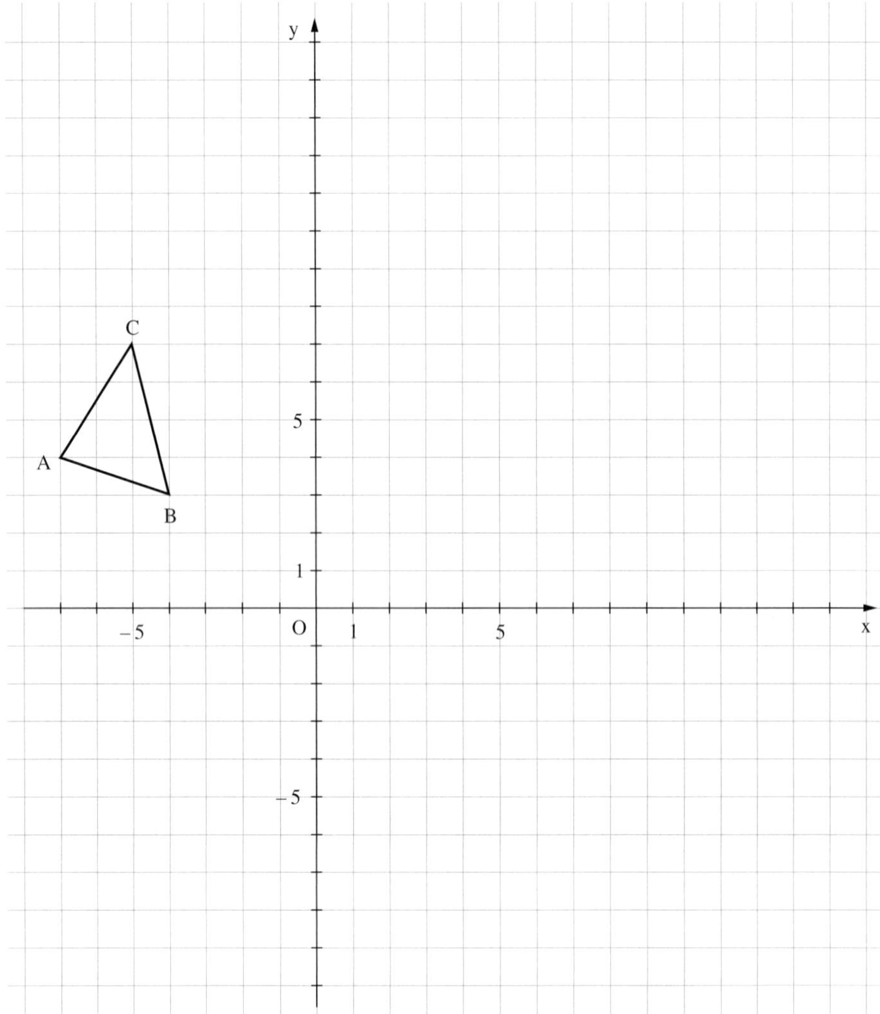

9 Ergänzen Sie die nachfolgende Tabelle für die ähnlichen Dreiecke △ ABC und △ A'B'C' mit $\frac{a'}{a} = \frac{b'}{b} = \frac{c'}{c} = k$:

	△ ABC								△ A'B'C'								
	a	b	c	α	β	γ	u	A	a'	b'	c'	α'	β'	γ'	u'	A'	k
a)	2 cm	2 cm	2 cm						5 cm								
b)	3 cm		5 cm							8 cm							2
c)	9 cm		2 cm				20 cm								10 cm		
d)								30 cm²				60°	60°				1,5
e)					20°							40°					0,7

k = Ähnlichkeitsfaktor

10 Ergänzen Sie die nachfolgende Tabelle für ein Dreieck ABC wie in nebenstehender Zeichnung:

	a	b	c	p	q	h
a)	6 cm	8 cm				
b)				5 cm	2 cm	
c)			2,4 cm	2 cm		
d)			50 mm		6 cm	
e)				2,5 cm		10 cm

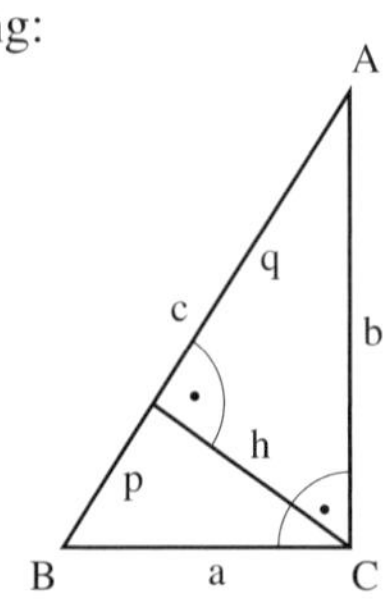

11 Stellen Sie für die Längen folgender Dreiecksseiten die Gleichungen nach dem Kathetensatz auf:

a) $\overline{AC}$: b) $\overline{BC}$:

c) $\overline{CE}$: d) $\overline{EB}$:

e) $\overline{AE}$: f) $\overline{EG}$:

g) $\overline{EF}$:

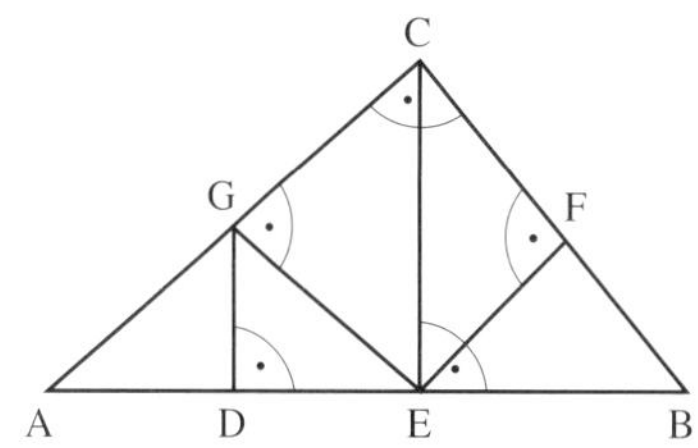

12 Stellen Sie Formeln für die jeweils angegebenen Größen auf:

a) Gesucht:
d =
e =

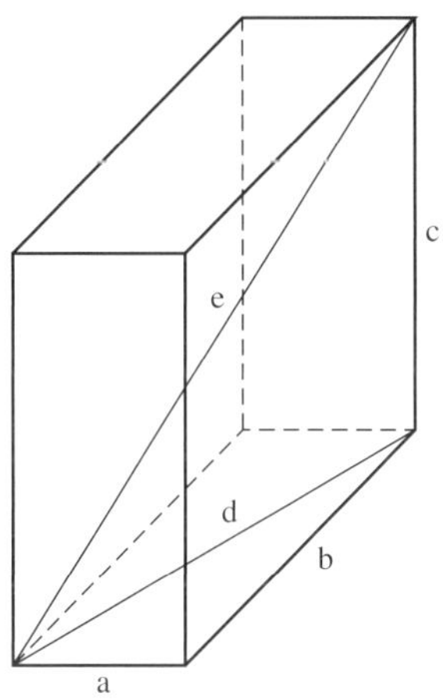

b) Gesucht:
$d_1 = |\overline{M_1G}|$
$d_2 = |\overline{M_1C}|$
$d_3 = |\overline{M_2H}|$

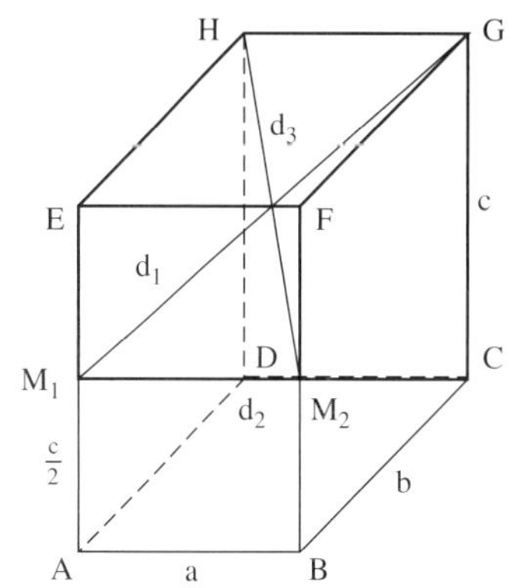

c) Gesucht:
h_a =
h =

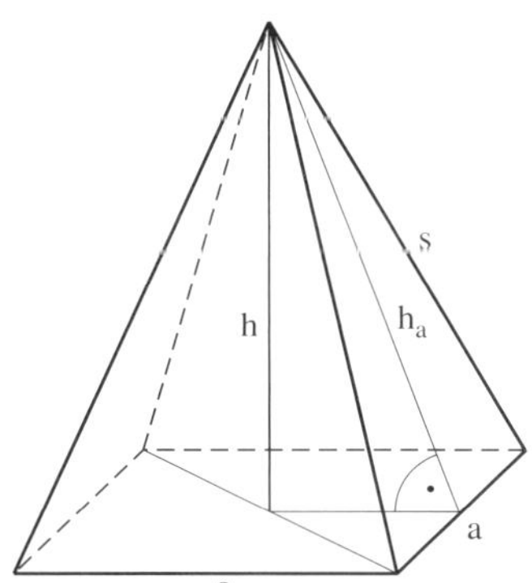

d) Gesucht:
a =
h =
V =

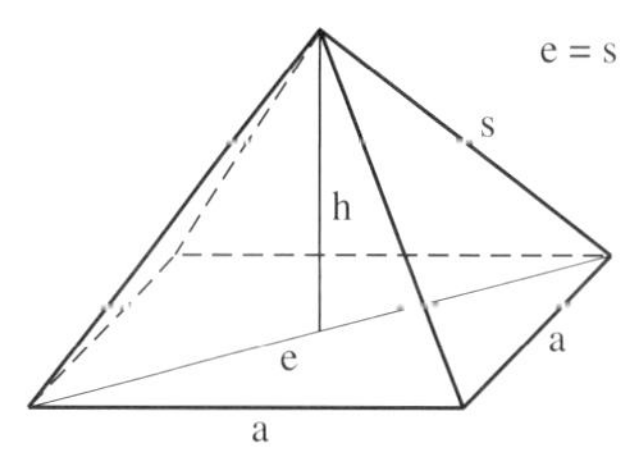

13 Ergänzen Sie die Verhältnisgleichungen so, dass wahre Aussagen entstehen:

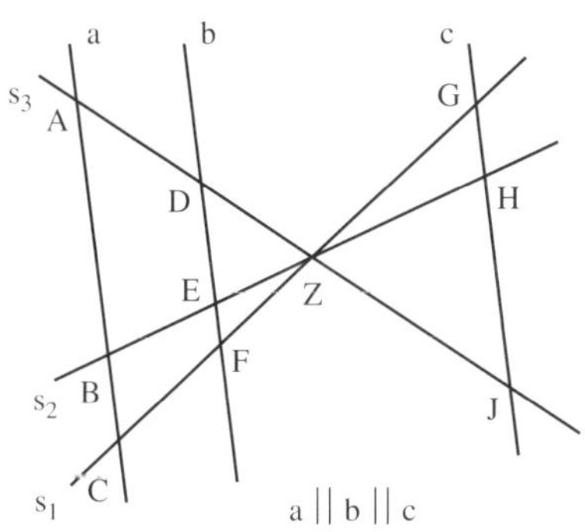

$\frac{|AD|}{|DZ|} = \frac{|CF|}{\underline{\qquad}}$ $\frac{|BZ|}{|BE|} = \frac{\underline{\qquad}}{|CF|}$ $\frac{\underline{\qquad}}{|BC|} = \frac{|DE|}{|EF|}$

$\frac{|BZ|}{|BC|} = \frac{|EZ|}{\underline{\qquad}}$ $\frac{|ZJ|}{|ZD|} = \frac{|ZG|}{\underline{\qquad}}$ $\frac{|EH|}{|ZH|} = \frac{|FG|}{\underline{\qquad}}$

14 Ergänzen Sie unter Verwendung der Strahlensätze die folgenden Tabellen:

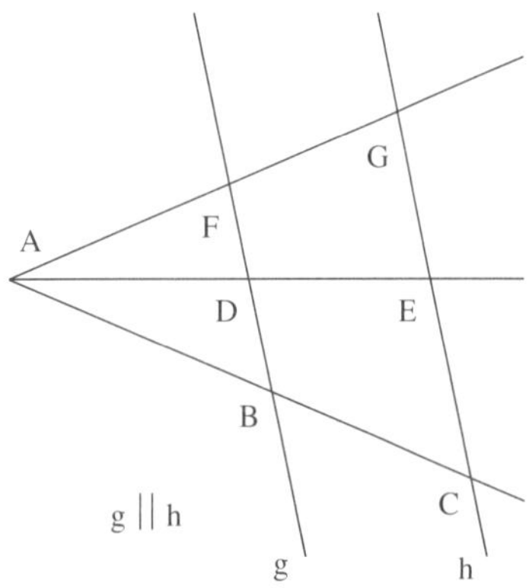

$\lvert\overline{AB}\rvert$	$\lvert\overline{AC}\rvert$	$\lvert\overline{BC}\rvert$	$\lvert\overline{AD}\rvert$	$\lvert\overline{AE}\rvert$	$\lvert\overline{DE}\rvert$	$\lvert\overline{AF}\rvert$	$\lvert\overline{AG}\rvert$	$\lvert\overline{FG}\rvert$
		2 cm		7,5 cm	2,5 cm	8 cm		4 cm
	14 m		12,6 m		9,4 m		21 m	9m
1,2 km				10,8 km	3,6 km	3,2 km		1,6 km

$\lvert\overline{AB}\rvert$	$\lvert\overline{AC}\rvert$	$\lvert\overline{BD}\rvert$	$\lvert\overline{CE}\rvert$	$\lvert\overline{BF}\rvert$	$\lvert\overline{CG}\rvert$
6 m		7 m	$16,\overline{3}$ m	15 m	
	4 cm		0,76 cm		4,2 cm
142 km			278 km	322 km	

15 Konstruieren Sie die Tangenten an den Kreis k im Punkt P bzw. vom Punkt Q aus.

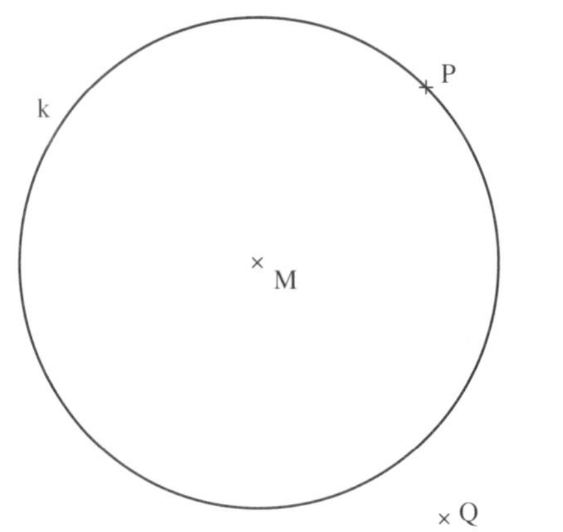

16 Konstruieren Sie an den Kreis k zwei Tangenten, die miteinander einen Winkel von 60° bilden.

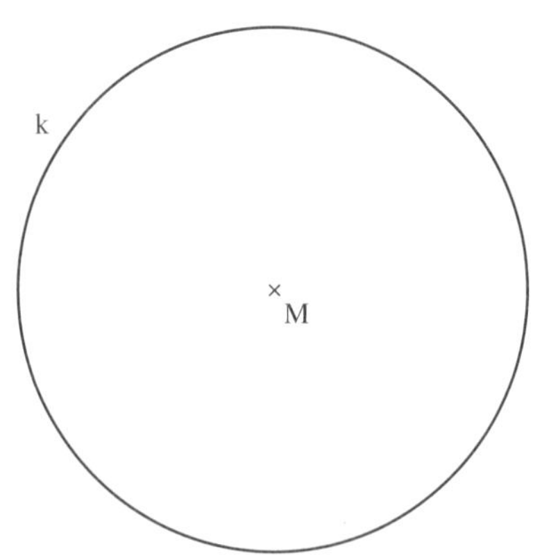

17 Ermitteln Sie die Größe der Winkel α, β, γ, δ, ε und begründen Sie Ihr Vorgehen.

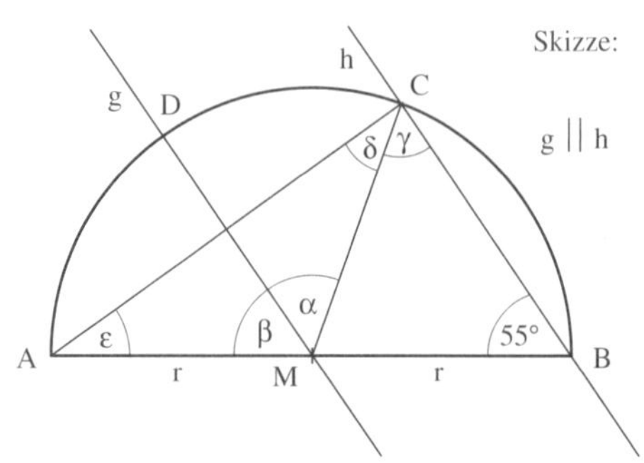

18 Gegeben sind die Punkte A(3; 0,5), B(9; 4) und C(1,5; 6).

a) Tragen Sie die Punkte in das Koordinatensystem ein.

b) Konstruieren Sie einen Kreis k so, dass die Punkte A, B und C auf der Kreislinie liegen.

c) Die Punkte A, B und C bilden ein Dreieck. Konstruieren Sie den Inkreis des Dreiecks ABC.

d) Konstruieren Sie die Tangente an den Kreis k im Punkt C.

e) Geben Sie (näherungsweise) eine Funktionsgleichung für die Tangente an. Berechnen Sie die Nullstelle dieser Funktion.

f) Berechnen Sie den Flächeninhalt des Dreiecks, das aus dem Koordinatenursprung und den Schnittpunkten der Tangente mit der x-Achse bzw. y-Achse gebildet wird.

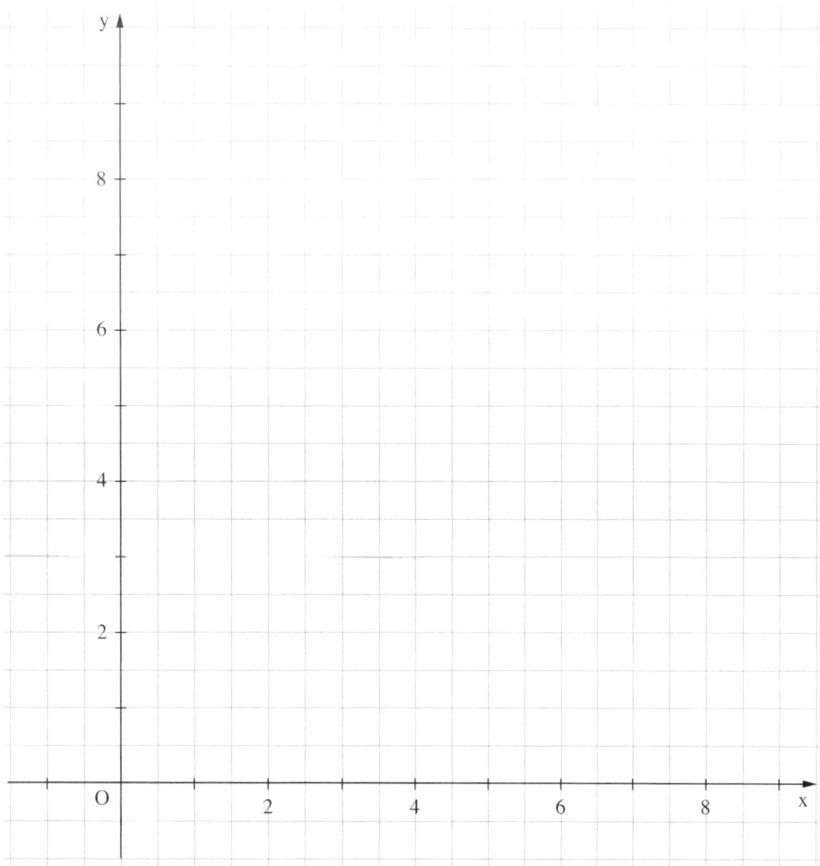

19 Bestimmen Sie die Größe aller eingezeichneten Winkel. Begründen Sie.

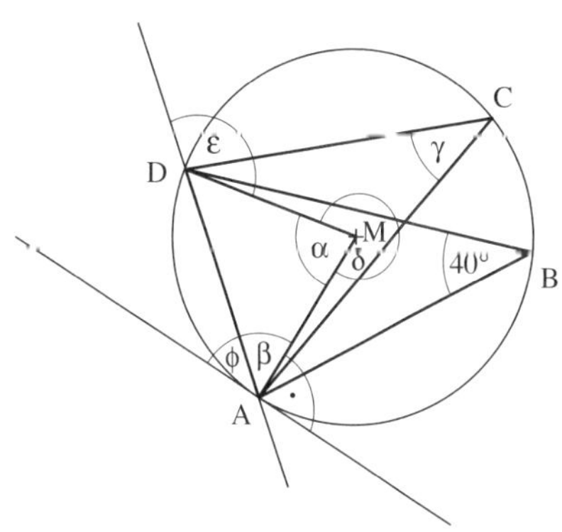

20 Berechnen Sie den Umfang und den Flächeninhalt der angegebenen Figuren.

a)

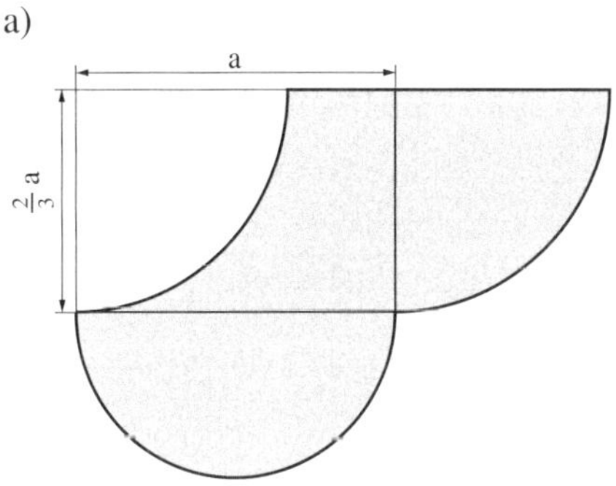

b)

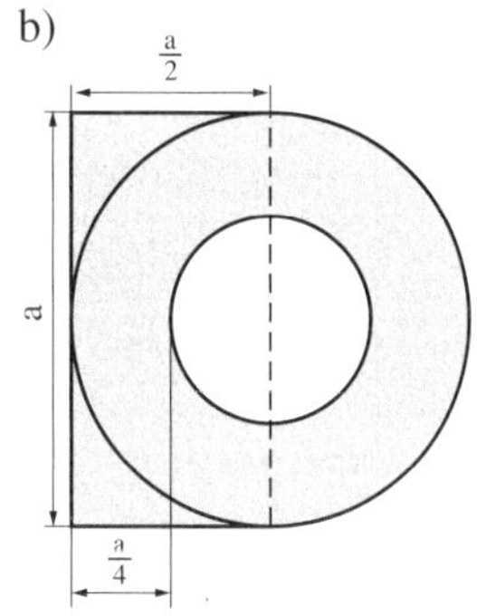

c)

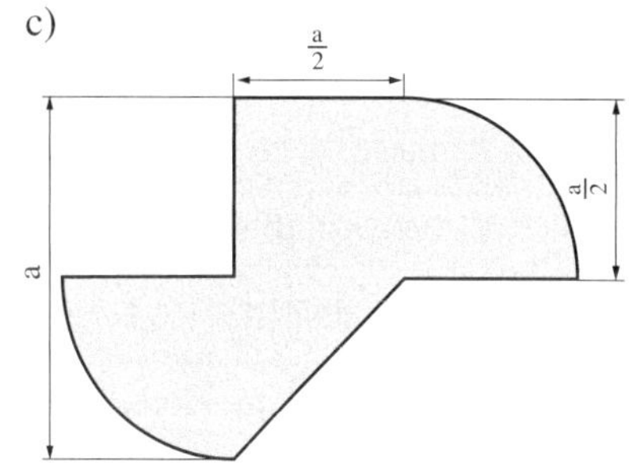

21 Gegeben ist die Strecke $\overline{AB}$.

a) Teilen Sie die Strecke $\overline{AB}$ konstruktiv in sieben gleiche Teile.
b) Ermitteln Sie konstruktiv einen Punkt C auf der Geraden (AB) so, dass gilt: $|\overline{AB}| : |\overline{BC}| = 7:9$
c) Ermitteln Sie konstruktiv einen Punkt D auf der Geraden (AB) so, dass gilt: $|\overline{AD}| : |\overline{AB}| = 5:4$

22 Gegeben ist ein Quadrat. Es habe den Umfang u und den Flächeninhalt A.
a) Konstruieren Sie je ein Quadrat mit dem Umfang $4u$, $\frac{1}{4}u$ bzw. $2u$.
b) Konstruieren Sie je ein Quadrat mit dem Inhalt $4A$, $2A$ bzw. $\frac{1}{2}A$.
c) Wandeln Sie konstruktiv das gegebene Quadrat in ein flächengleiches Rechteck um, dessen eine Seite die Länge $\frac{1}{8}u$ (bezogen auf den Umfang u des gegebenen Quadrates) besitzt.

23 Gegeben ist ein rechtwinkliges Dreieck mit der Hypotenuse c.
a) Berechnen Sie Umfang und Flächeninhalt des Umkreises von $\triangle$ ABC.
b) Berechnen Sie den Inhalt der Fläche (in Abhängigkeit von c), die das Dreieck ABC höchstens annehmen kann (Begründung). Beschreiben Sie das Dreieck näher.

24 Ergänzen Sie die nachfolgende Tabelle mit Bezug auf die nebenstehende Figur:

Radius r	4 cm	6,8 cm	16,8 cm		
Kreisbogen b		22 cm			74 cm
Flächeninhalt des Kreisausschnitts A_d			162 cm²	24,2 cm²	
Zentriwinkel des Kreisausschnitts α	60°			12,5 °	124°

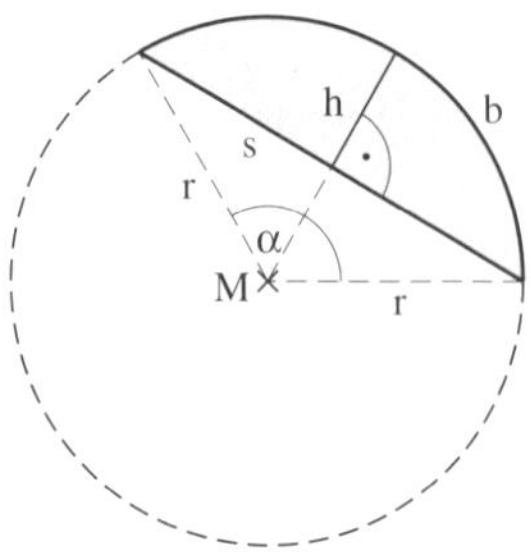

Daten und Zufall

Methoden zur Darstellung von Daten

1 Die 28 Schüler einer Klasse erzielten bei einer Mathematikarbeit von den maximal möglichen 40 Punkten folgende Ergebnisse:

23	34	5	23	38	25	29	17	18	40	32	27	28	29
25	28	32	39	38	18	35	6	17	16	25	32	37	17

Um die Zensuren festzulegen, wurde eine Klasseneinteilung vorgenommen:
38–40 Punkte (Zensur 1) 32–37 Punkte (Zensur 2) 24–31 Punkte (Zensur 3)
18–23 Punkte (Zensur 4) 7–17 Punkte (Zensur 5) 0–6 Punkte (Zensur 6)

a) Erfassen Sie ausgehend von dieser Einteilung die Ergebnisse mithilfe einer Strichliste und geben Sie die absoluten Häufigkeiten für die Zensuren an.

b) Stellen Sie die Häufigkeitsverteilung der Zensuren in einem Säulen- und in einem Kreisdiagramm dar.

c) Stellen Sie die Ergebnisse der Klasseneinteilung in einem Histogramm dar.

2 Der Preis für Superbenzin (95 Oktan) wurde 14 Tage lang beobachtet. Dabei ergaben sich folgende Preise:

Tag	1	2	3	4	5	6	7	8	9	10	11	12	13	14
Preis in Euro	1,405	1,399	1,349	1,339	1,279	1,309	1,289	1,229	1,259	1,265	1,219	1,199	1,229	1,239

Stellen Sie die Entwicklung des Preises in einem Liniendiagramm (Polygonzug) dar.

3 Der Geschäftsbericht einer Internet-Versandfirma enthält folgende Angaben:

Jahr	1998	1999	2000	2001	2002	2003	2004	2005	2006
Überschuss in 1 000 €	64,0	43,2	77,6	43,2	58,2	90,4	60,4	50,4	82,6

Veranschaulichen Sie die Entwicklung des Jahresüberschusses durch folgende Diagramme:
a) Liniendiagramm b) Säulendiagramm
Hinweis: Einheit der Zeitachse: 1 Jahr ≙ 1,5 cm; Einheit der Überschuss-Achse: 10 000 € ≙ 1 cm

4 Ermitteln Sie die absoluten und relativen Häufigkeiten der einzelnen Vokale (ü ist wie u, ä wie a zu zählen). Stellen Sie die relativen Häufigkeiten in einem Säulendiagramm dar.

Ein Mistkäfer schwamm in der Jauche.
Er schwamm auf dem Rücken und nicht auf dem Bauche.
Weil er dann so entsetzlich stank,
fraß ihn keiner – Gott sei Dank.

(frei nach Insterburg und Co., Gedichte aus dem Handgelenk geschüttelt und aufgelesen, Verlag Rautenberg)

5 Ein 75 kg schwerer Mensch besteht aus 45 kg Wasser, 15 kg Eiweiß, 10,5 kg Fett und 4,5 kg anderen Stoffen. Stellen Sie diese Werte in einem Säulen- und in einem Kreisdiagramm dar.

6 Der Wert der Aktien (in Euro) der Firma A und der Firma B wurde über 20 Tage notiert. Stellen Sie den Verlauf der Kursentwicklung beider Aktien in einem Liniendiagramm dar.

Tag	1	2	3	4	5	6	7	8	9	10
Firma A	6,84	6,92	7,23	7,56	7,14	7,24	7,58	7,94	7,56	7,50
Firma B	12,34	11,67	10,89	11,56	13,01	13,12	12,98	13,14	13,45	13,24

Tag	11	12	13	14	15	16	17	18	19	20
Firma A	7,50	7,44	7,32	6,96	7,12	7,22	7,14	7,00	6,98	7,08
Firma B	13,34	13,20	12,58	12,35	12,41	12,12	10,82	11,67	11,54	12,27

Kenngrößen statistischer Erhebungen

1 Um die Höhe einer Brücke bestimmen zu können, lassen Ernie und Bert jeweils zehn Steine von etwa derselben Größe nacheinander ins Wasser fallen und bestimmen die Fallzeit in Sekunden.

Stein	1	2	3	4	5	6	7	8	9	10
Fallzeit t_E Stein Ernie	1,8	1,3	1,7	1,5	1,6	1,3	1,8	1,8	1,4	1,8
Fallzeit t_B Stein Bert	1,8	1,4	1,7	1,7	1,6	1,5	1,5	1,6	1,7	1,5

a) Berechnen Sie für Ernies und für Berts Zeitmessungen jeweils das arithmetische Mittel $\bar{x}$ (den Mittelwert), den Modalwert m, den Median $\tilde{x}_{0,5}$ (Zentralwert z) und die Spannweite w.

b) Berechnen Sie die mittlere Abweichung d, die Varianz s^2 und die Standardabweichung s der Messreihen. Fertigen Sie dazu eine Tabelle an.

c) Vergleichen Sie die Genauigkeit der beiden Messreihen. Verwenden Sie die Standardabweichungen s.

2 Der Weitsprungtrainer von Katja führte Buch. Er erfasste:
4,33 m: 15-mal; 4,35 m: 16-mal; 4,36 m: 2-mal; 4,38 m: 12-mal; 4,40 m: 5-mal

a) Berechnen Sie das arithmetische Mittel der erreichten Weiten.

b) Berechnen und veranschaulichen Sie die relativen Häufigkeiten der Weiten in einem geeigneten Diagramm.

3 Das arithmetische Mittel der vorgegebenen Datenreihen mit n Werten soll den angegebenen Wert $\bar{x}$ annehmen. Berechnen Sie jeweils den fehlenden Wert der Datenreihe.

a) $n = 7$; $\bar{x} = 6{,}5$; $\{6; 7; 8{,}5; 5; 4{,}8; 5; x_7\}$ b) $n = 10$; $\bar{x} = -1$; $\{3; 4; 6; 2; 3{,}5; 5; 0; 0{,}5; 1; x_{10}\}$

4 Ergebnisse zweier Trainingseinheiten I und II im Weitsprung über 20 Sprünge (Angaben in Meter):

I: 3,95; 4,32; 4,44; 3,46; 3,95; 3,48; 4,07; 3,78; 3,25; 3,94;
4,07; 3,29; 4,39; 4,24; 3,87; 3,79; 4,52; 4,27; 4,07; 3,63

II: 3,75; 4,69; 4,79; 4,70; 3,33; 3,10; 4,34; 4,20; 3,75; 4,28;
4,25; 3,75; 3,64; 4,26; 3,53; 3,07; 4,06; 3,75; 4,15; 3,93

a) Berechnen Sie für jede Trainingseinheit den Modalwert m, die Spannweite w, das arithmetische Mittel $\bar{x}$ und den Median $\tilde{x}_{0,5}$ der gemessenen Weiten.

b) Berechnen Sie die mittlere Abweichung d, die Varianz s^2 und die Standardabweichung s der Messreihen.

c) Vergleichen Sie die Ergebnisse der beiden Trainingseinheiten.

5 Die Pulsmessung von 17-jährigen Schülern ergab folgende Werte:
72; 60; 68; 60; 80; 56; 75; 71; 70; 65; 64; 74; 64; 88; 64; 79; 57; 83; 60; 81
Stellen Sie den Datensatz als Stängel-Blatt-Diagramm, Histogramm und Boxplot dar.
Vergleichen Sie die drei Diagrammarten.

Ein- und mehrstufige Zufallsexperimente

1 Ein idealer Würfel mit der Seitenbezeichnung 1 bis 6 wird einmal geworfen und dabei die oben liegende Augenzahl beobachtet.

a) Geben Sie zu diesem Experiment jeweils eine Ergebnismenge Ω mit genau zwei, drei bzw. sechs Elementen an.

$\Omega_2 =$ $\Omega_3 =$ $\Omega_6 =$

b) Stellen Sie die nachfolgenden Ereignisse A bis E als Teilmengen von Ω_6 dar und geben Sie die Anzahl der Elemente an.

A = {es fällt eine 3} B = {es fällt eine ungerade Augenzahl}
C = {es fällt keine Primzahl} D = {es fällt eine 7} E = {es fällt keine 7}

A = { |A| = B = { |B| =
C = { |C| = D = { E = { |E| =

2 Geben Sie zu den folgenden Zufallsexperimenten jeweils eine Ergebnismenge an:

a) Zwei nicht unterscheidbare und mit den Ziffern 1 bis 4 beschriftete Tetraeder werden gleichzeitig geworfen und es werden die Ziffern auf den jeweils unten liegenden Seiten notiert.

b) Bei einem Ausscheidungsrennen von sechs Rennfahrern (R_1 bis R_6) interessiert nur, wer die ersten beiden Plätze belegt.

3 Ein idealer Würfel mit den Augenzahlen 1 bis 6 wird zweimal hintereinander geworfen und jeweils die dabei oben liegende Augenzahl beobachtet.

a) Bestimmen Sie die Ergebnismenge Ω.

b) Bestimmen Sie die Teilmengen folgender Ereignisse:

A = {im ersten Wurf fällt die 4} B = {Augensumme < 4}
C = {Augensumme > 10} D = {Augensumme < 4 oder Augensumme > 10}
E = {9 < Augensumme < 12} $F = A \cap D$

c) Geben Sie eine verbale Formulierung für das Ereignis F an.

4 Für eine Party von Stochastikern wird ein Lotto „2 aus 6“ vorbereitet. Aus einer Schüssel mit sechs Kugeln, die mit 1 bis 6 beschriftete Zettel enthalten, kann jeder Gast mit einem Griff zwei Kugeln entnehmen. Preise gibt es, wenn die folgenden Bedingungen erfüllt sind:

Großer Preis: Die Summe der Zahlen ergibt zehn. Mittlerer Preis: Es wurden zwei Primzahlen gezogen.
Kleiner Preis: Es wurden zwei gerade Zahlen gezogen. Trostpreis: Es wurde genau eine Primzahl gezogen.

a) Beschreiben Sie die Ergebnismenge sowie die vier genannten Ereignisse mit der Mengendarstellung.

b) Beschreiben Sie für dieses Lotto ein sicheres Ereignis, ein unmögliches Ereignis und ein Elementarereignis verbal und durch Angabe der entsprechenden Teilmengen der Ergebnismenge.

5 Um ein Spiel in der Volleyballbundesliga zu gewinnen, benötigt eine Mannschaft A im Spiel gegen die Mannschaft B drei gewonnene Sätze. Geben Sie die möglichen Ereignisse an, die einen siegreichen Spielausgang für die Mannschaft A beschreiben können. Berücksichtigen Sie dabei die Reihenfolge der Sätze.

6 Bei einer Umfrage werden drei Fragen gestellt, die wahrheitsgemäß oder „geflunkert“ beantwortet werden können. Stellen Sie die Antwortmöglichkeiten in einem dreistufigen Baumdiagramm dar.

7 In einem Behälter liegen sechs Kugeln, von denen zwei mit dem Buchstaben O, eine mit dem Buchstaben L, zwei mit dem Buchstaben M und eine mit dem Buchstaben A bezeichnet sind.
Es werden vier Kugeln ohne Zurücklegen gezogen.
Beschreiben Sie das Ereignis, in dem die Buchstabenfolge O M A vorkommt.

8 In einer Urne befinden sich drei weiße, vier rote und eine schwarze Kugel. Uwe zieht dreimal je eine Kugel, ohne sie zurückzulegen. Zieht er eine schwarze Kugel, wird die Ziehung sofort beendet.
Stellen Sie den Verlauf des mehrstufigen Zufallsversuchs mithilfe eines Baumdiagramms dar.

Abzählverfahren (Zählprinzipien)

1 Geben Sie die Formeln zur Berechnung der Anzahl von Permutationen mit bzw. ohne Wiederholung an. Bestimmen Sie die Anzahl aller möglichen Anagramme, welche man aus dem Wort BEIL bzw. aus dem Wort FALL bilden kann.

2 a) Geben Sie die Formeln für die Berechnung der Anzahl
① der Kombinationen, ② der Variationen
von jeweils k Elementen aus n Elementen für die Fälle „mit Wiederholung" und „ohne Wiederholung" an.

b) Gegeben sind die drei Elemente O, P und A. Wie viele verschiedene Anordnungen von je
① einem, ② zwei, ③ drei Elementen
lassen sich daraus ohne Berücksichtigung der Reihenfolge und bei möglicher Wiederholung von Elementen (Kombination) bzw. mit Berücksichtigung der Reihenfolge und ohne Wiederholung von Elementen (Variation) bilden?

3 Handelt es sich bei den folgenden Sachverhalten um Auswahlprobleme? Wenn ja, entscheiden Sie, ob darin Kombinationen oder Variationen auftreten und bestimmen Sie die Anzahl der Möglichkeiten.
a) Aus den Ziffern 1 bis 9 sollen dreistellige Zahlen gebildet werden.
b) Ein Glücksrad mit vier Segmenten soll mit den fünf Farben Rot, Orange, Gelb, Grün und Blau so eingefärbt werden, dass keine Farbe doppelt auftritt.
c) Ein Spediteur soll auf seiner Tour sechs Ziele anfahren.
d) In einer Gemeinde soll es vierstellige Telefonnummern geben, wobei an der ersten Stelle keine 0 stehen darf.
e) Aus der Grundmenge $M = \{A, B, C, D, E, F\}$ sind alle Teilmengen mit vier Elementen zu bilden.

4 Vergleichen Sie die Anzahl der möglichen Tipps bei den Lottovarianten „6 aus 49", „5 aus 35", „5 aus 45" und „7 aus 57". Untersuchen Sie, bei welchem dieser Spiele die Chance eines Hauptgewinns am größten ist.

5 Bei zehn Fußballspielen wird auf den Ausgang „Unentschieden" (0), „Sieg" (1) oder „Niederlage" (2) des Gastgebers gewettet. Wie viele verschiedene Tipps kann man abgeben?

6 Geben Sie die Anzahl der Möglichkeiten bei den folgenden Sachverhalten sowie jeweils drei Beispiele an:
a) Tischkartenverteilung bei einer Party mit 15 Teilnehmern
b) Reihenfolge der Läufer bei der 8×50-m-Schülerstaffel
c) Bilden von verschiedenen fünfstelligen Passwörtern aus den Buchstaben a, b, c, d, e ohne Wiederholung eines Buchstabens
d) Reihenfolge bei der Eintragung von 15 Schülern auf einer Anwesenheitsliste
e) Zieleinlauf von acht Läufern beim 100-m-Sprint
f) Bilden aller verschiedenen fünfstelligen natürlichen Zahlen aus den Ziffern 22335 bzw. 22233

7 Aus einer Urne mit fünf unterscheidbaren Kugeln sollen zwei Kugeln gezogen werden, und zwar
a) ohne Zurücklegen; b) mit Zurücklegen.
Bestimmen Sie jeweils die Anzahl der Möglichkeiten, gegebenenfalls mithilfe eines Baumdiagramms.

8 Hundezüchter bezeichnen die Welpen des ersten Wurfs mit Namen, die mit dem Buchstaben A anfangen, die des zweiten Wurfs mit Namen, die mit dem Buchstaben B beginnen usw.
Ein Züchter von Collies hat sich zwölf Namen mit A, acht Namen mit B und sechs Namen mit C überlegt. Im ersten Wurf gab es sieben Welpen, im zweiten Wurf fünf und im dritten Wurf vier Welpen.
Bestimmen Sie die Anzahl der Möglichkeiten für die Vergabe der ausgewählten Namen.

9 Der Code eines Kofferschlosses besteht aus einer vierstelligen Zahl. Jede Stelle kann mit einer Ziffer von 1 bis 6 belegt werden. Bestimmen Sie die Anzahl der Möglichkeiten für den Code, wenn

a) jede Ziffer nur genau einmal vorkommen darf; b) jede Ziffer höchstens zweimal vorkommen darf;

c) es keine Beschränkungen gibt.

10 Beim Mensch-ärgere-dich-nicht-Spiel wird ein Würfel so lange geworfen, bis zum ersten Mal die Augenzahl 6 erscheint, höchstens aber dreimal.

a) Geben Sie die Anzahl der möglichen Ausgänge nach der zweiten Stufe an.

b) Wie viele verschiedene Möglichkeiten des Ausgangs gibt es?

c) Nennen Sie verschiedene Ergebnisse des Zufallsexperiments mit unterschiedlicher Anzahl von Würfen.

Wahrscheinlichkeit bei Gleichverteilung (Laplace-Experimente)

1 Definieren Sie den Begriff „Laplace-Experiment" und geben Sie die Formel zum Berechnen der Wahrscheinlichkeit P eines Ereignisses E in einem solchen Experiment an.

P(E) =

2 Herr Müller unterrichtet einen Mathematikgrundkurs mit 28 Schülern, davon sind 12 Mädchen. Jeder von ihnen schreibt seinen Namen auf eine Karte.

Wie groß ist die Wahrscheinlichkeit, dass beim Ziehen einer Karte ein weiblicher Vorname erscheint?

Ergebnismenge: $\Omega = \{$ Ereignis: $E = \{$

Anzahl der günstigen Fälle: Anzahl der möglichen Fälle: Wahrscheinlichkeit P(E) =

3 Entscheiden Sie, welche der folgenden Zufallsversuche Laplace-Experimente sind:

a) Werfen einer idealen Münze und feststellen, welche Seite oben liegt

b) Ziehen eines Tombolaloses aus einem Gefäß mit von 1 bis 1000 nummerierten Losen

c) Werfen dreier Spielwürfel und ermitteln der Augensumme

d) Werfen einer Reißzwecke und feststellen, welche Seite oben liegt

e) Gleichzeitig zwei Kugeln aus einer Urne mit vier unterscheidbaren Kugeln entnehmen und ermitteln, welches Paar gezogen wurde

4 Nennen Sie für die Laplace-Experimente in Aufgabe 3 die möglichen Ergebnisse (Ergebnisraum) und bestimmen Sie die Wahrscheinlichkeiten der elementaren (atomaren) Ereignisse.

5 Berechnen Sie die Wahrscheinlichkeit folgender Ereignisse (vgl. Aufgabe 3):

a) zu 3b: Es wird eine Zahl kleiner oder gleich 400 gezogen. b) zu 3b: Es wird eine Primzahl gezogen.

6 Alfons hat von jeder Münzart (1 ct bis 2 €) je ein Exemplar in der Tasche. Er nimmt eine Münze heraus. Mit welcher Wahrscheinlichkeit

a) hat er eine 2-€-Münze in der Hand; b) ist es eine zweifarbige Münze;

c) kann er mit der Münze an einem Münzfernsprecher telefonieren?

7 Eine ideale Münze wird dreimal geworfen. Geben Sie die Wahrscheinlichkeiten für die folgenden Ereignisse an. Nutzen Sie gegebenenfalls ein Baumdiagramm.

a) Es fällt dreimal „Wappen". b) Es fällt mindestens einmal „Zahl".

c) Es fällt höchstens einmal „Wappen". d) Es fallen sowohl „Wappen" als auch „Zahl".

8 Kevin überquert auf seinem Schulweg vier Straßen mit Fußgängerampeln. Mit welcher Wahrscheinlichkeit

a) muss er an allen vier Ampeln auf „Grün" warten; b) hat er wenigstens einmal „Grün";

c) hat er zweimal „Grün", ohne zu warten; d) hat er höchstens einmal „Rot"?

Rechenregeln für Wahrscheinlichkeiten und Anwendungen

1 a) Beim Werfen eines idealen Würfels mit den Bezeichnungen 1 bis 6 werden die Ereignisse A = {es fällt eine Zahl kleiner 5} und B = {es fällt eine gerade Zahl} beobachtet.
Bestimmen Sie P(A) und P(B).
P(A) =
P(B) =

b) Ermitteln Sie $P(A \cup B)$.
$P(A \cup B) =$
Allgemein gilt: $P(A \cup B) =$

c) Geben Sie die Wahrscheinlichkeit für das Gegenereignis $\overline{A}$ = {   } an.
$P(\overline{A}) =$
Allgemein gilt: $P(\overline{A}) =$

2 Zu einem Doppelkopfblatt gehören die Karten Zehn, Bube, Dame, König und Ass. Sie existieren jeweils in der Farbe Schwarz (Kreuz bzw. Pik) und Rot (Herz bzw. Karo), und zwar jeweils zweimal, weshalb das gesamte Blatt aus 40 Karten besteht. Es wird nun eine Karte gezogen.
Ermitteln Sie die Wahrscheinlichkeit, mit der diese Karte

a) eine Dame oder ein Bube ist;
b) schwarz oder rot ist;
c) rot oder ein Bild (Bube, Dame, König, Ass) ist;
d) schwarz oder Pik ist;
e) ein schwarzer Bube ist;
f) ein Bild oder Karo ist;
g) das „Karlchen", d. h. der Kreuz-Bube ist;
h) ein „Fuchs", d. h. ein Karo-Ass ist;
i) keine Herz-Karte ist.

3 Aus einem Skatkartenspiel (insgesamt 32 Karten) wird eine Karte zufällig ausgewählt.
Ermitteln Sie die Wahrscheinlichkeit der folgenden Ereignisse:
A = {Kartenfarbe ist Kreuz}
B = {gezogene Karte ist ein Bube}
C = {Karte ist eine Dame oder Kreuz}

4 Ein Glücksrad ist in zwölf gleiche Segmente geteilt, welche mit den Zahlen von 1 bis 12 durchnummeriert sind. Es wird gedreht und man betrachte die folgenden Ereignisse:
A: Die Zahl ist gerade.
B: Die Zahl ist dreistellig.
C: Die Zahl ist eine Primzahl.
D: Die Zahl ist größer oder gleich 8.
E: Die Zahl ist durch 3 teilbar.
F: Die Zahl ist Teiler der 12 und kleiner als 6.
G: Die Zahl ist nicht durch 4 teilbar.

a) Geben Sie zu jedem Ereignis die zugehörige Menge von Ergebnissen an.
b) Berechnen Sie die Wahrscheinlichkeit jedes Ereignisses.
c) Geben Sie zu jedem Ereignis das Gegenereignis als Menge an und berechnen Sie die Wahrscheinlichkeit von dessen Eintreffen.

Zufallsgrößen und Erwartungswert

1 a) Man wirft gleichzeitig drei Münzen und beobachtet dabei, wie häufig „Wappen" (W) fällt.
Die Zufallsgröße W kann die Werte $x_1 = \ldots$, $x_2 = \ldots$, $x_3 = \ldots$ und $x_4 = \ldots$ annehmen.

b) Eine Zufallsgröße Y kann die Werte $x_1 = 10$, $x_2 = 20$, $x_3 = 30$, $x_4 = 40$, $x_5 = 0$ und $x_6 = -50$ annehmen.
Welche Ereignisse bzw. welcher Zufallsversuch könnte beschrieben werden?

c) Welche Werte kann beim Würfeln mit zwei Würfeln die Zufallsgröße S (Summe der Augenzahl) annehmen? Berechnen Sie für jeden Wert der Zufallsgröße S die zugehörige Wahrscheinlichkeit. Veranschaulichen Sie die Wahrscheinlichkeitsverteilung (der Zufallsgröße S) in einer Tabelle bzw. in einem Diagramm. Berechnen Sie den Erwartungswert E(S).

2 Zwei ideale Würfel werden gleichzeitig geworfen. Die Zufallsgröße sei

a) D (Augendifferenz); b) E = 10 – Augensumme.

Geben Sie die Wahrscheinlichkeitsverteilung der Zufallsgrößen in einer Tabelle und in einem Diagramm an.

3 In Liestown (Lügenstadt) hat ein Viertel aller Einwohner die Eigenschaft, stets zu lügen. Antje fragt drei zufällig ausgewählte Bürger der Stadt nach dem Weg. Bestimmen Sie

a) die Wahrscheinlichkeit, mit der Antje X Lügner trifft;

b) die Werte, welche die Zufallsgröße X annehmen kann und stellen Sie die entsprechende Wahrscheinlichkeitsverteilung in einer Tabelle dar;

c) die Wahrscheinlichkeit, mit der Antje mindestes einen Lügner befragt.

4 Einer Urne mit drei blauen und zwei weißen Kugeln werden so lange Kugeln ohne Zurücklegen entnommen, bis alle blauen Kugeln entfernt wurden.
Wie oft muss man im Durchschnitt ziehen?

Binomialverteilte Zufallsgrößen

1 a) Geben Sie eine Gleichung zur Berechnung des Binomialkoeffizienten $\binom{n}{k}$ an.

b) Berechnen Sie $\binom{8}{3}$, $\binom{15}{13}$ und $\binom{34}{0}$.

2 a) Geben Sie an, wie man für eine Bernoulli-Kette mit der Länge n und der Erfolgswahrscheinlichkeit p die Binomialverteilung der Wahrscheinlichkeiten P(k Erfolge) berechnen kann.

b) Kai schießt viermal auf eine Torwand. Berechnen Sie, wie hoch bei einer Trefferwahrscheinlichkeit von 70 % die Wahrscheinlichkeit ist, dass er genau dreimal Erfolg hat.

3 Berechnen Sie die Binomialkoeffizienten:

a) $\binom{9}{3}$ b) $\binom{45}{1}$ c) $\binom{16}{15}$ d) $\binom{98}{98}$ e) $\binom{n+1}{3}$ f) $\binom{2n}{2n-2}$ g) $\binom{n+9}{n+8}$ h) $\binom{1000}{999}\cdot\binom{15}{2}$

4 Entscheiden Sie, ob es sich bei den folgenden Vorgängen um Bernoulli-Versuche handelt.
Geben Sie jeweils zur Begründung die Ergebnismenge an:

	Vorgang	Interessierendes Merkmal	Bernoulli-Versuch ja/nein	Ergebnismenge
a)	einmaliges Werfen einer Münze	oben liegende Seite		
b)	einmaliges Werfen eines mit 1; 1; 1; 2; 3; 3 beschrifteten Würfels	Fallen der Augenzahl 3		
c)	Geburt eines Kindes	Geschlecht		
d)	Geburt eines Kindes	Körpergröße		
e)	Karte aus einem Skatspiel ziehen	Farbe		

5 Ein ideales Oktaeder, dessen acht Seitenflächen mit den Zahlen 1 bis 8 beschriftet sind, wird einmal geworfen und es wird beobachtet, auf welcher Seitenfläche der Körper liegt. Geben Sie für die angegebenen Beobachtungsziele jeweils die Wahrscheinlichkeit für einen Erfolg bzw. einen Misserfolg an:

	Beobachtungsziel	P(Erfolg)	P(Misserfolg)
a)	Würfeln einer geraden Zahl		
b)	Würfeln einer 5		
c)	Würfeln einer Potenz von 2		

6 Die folgenden Zufallsexperimente sind Bernoulli-Ketten. Ergänzen Sie die fehlenden Angaben:

	Zufallsexperiment und interessierendes Merkmal	Erfolg	Misserfolg	n	p	1 – p
a)	fünfmaliges Werfen einer Münze und Beobachten der oben liegenden Seite	Fallen von „Zahl“				
b)	dreimaliges Werfen eines regulären Würfels mit den Bezeichnungen 1 bis 6 und Beobachten der oben liegenden Augenzahl		Fallen von 1; 2; 3; 4 oder 5			
c)	sechsmaliges Ziehen einer Kugel mit Zurücklegen aus einer Urne mit drei schwarzen, drei weißen und drei roten Kugeln	Ziehen einer schwarzen Kugel				

7 Der Anteil der Nichtschwimmer an einem Gymnasium beträgt 8 %. In einer Klasse werden fünf Schüler zufällig ausgewählt. Geben Sie die Wahrscheinlichkeit an, dass genau einer der Schüler Nichtschwimmer ist.

8 In einem Keller sind alte Weine gelagert, von denen man weiß, dass im Durchschnitt 20 % davon nicht mehr genießbar sind. Geben Sie die Wahrscheinlichkeit an, dass

a) von 10 Flaschen noch genau 7 Flaschen; b) von 30 Flaschen noch genau 21 Flaschen

genießbar sind.

9 Zwei Tennisspieler spielen acht Partien gegeneinander. A ist der schwächere Spieler, seine Gewinnwahrscheinlichkeit beträgt 0,4. Geben Sie die Wahrscheinlichkeit an, dass Spieler A

a) genau vier Partien gewinnt; b) höchstens drei Partien gewinnt.

10 Ein Kontrolleur weiß, dass jeder zehnte Fahrgast ohne Fahrschein unterwegs ist. Er kontrolliert 20 Fahrgäste. Ermitteln Sie die Wahrscheinlichkeit, dass er

a) keinen; b) genau einen; c) mindestens zwei

Schwarzfahrer ertappt.

11 Ein Schütze trifft mit einer Wahrscheinlichkeit von 0,8. Er schießt zehnmal auf eine Scheibe. Ermitteln Sie die Wahrscheinlichkeit, dass er

a) jedes Mal trifft; b) mindestens achtmal trifft.

12 Eine Urne enthält vier rote und sechs grüne Kugeln. Es wird mehrfach eine Kugel gezogen und sofort wieder in die Urne zurückgelegt. Berechnen Sie die Wahrscheinlichkeit, dass bei

a) zehn Ziehungen genau vier; b) zehn Ziehungen höchstens drei; c) fünf Ziehungen mindestens drei

rote Kugeln gezogen werden.

13
a) Geben Sie die Gleichungen zur Berechnung von Erwartungswert, Varianz und Standardabweichung bei der Binomialverteilung an.
b) Ein ideales Oktaeder mit den Seitenbeschriftungen 1 bis 8 wird 150-mal geworfen. Wie viele Vieren sind dabei zu erwarten? Welche Standardabweichung besitzt die zufällige Anzahl Vieren?

14 Eine Abfüllmaschine füllt erfahrungsgemäß 15 % der Bierflaschen ungenau ab. Man überprüft 20 Bierflaschen. Berechnen Sie, wie viele ungenau abgefüllte Bierflaschen zu erwarten sind und wie hoch Varianz und Standardabweichung sind.

15 Eine Maschine produziert Werkstücke mit einem durchschnittlichen Ausschussanteil von 5 %. Berechnen Sie,

a) wie viel Stück Ausschuss man bei 50 beliebig ausgewählten Werkstücken erwarten muss und um wie viele Stücke dieser Wert nach oben und unten schwankt;
b) mit welchem Gewinn man bei der Produktion von 45 000 Werkstücken rechnen darf, wenn ein ordnungsgemäß produziertes Stück einen Gewinn von 0,60 €, ein fehlerhaftes Stück einen Verlust von 0,80 € bringt.

Lösungen

Rechnen mit Zahlen und Größen

Hilfsmittelfreies Rechnen mit natürlichen und rationalen Zahlen

Seite 3

1

	x	y	$x + y$	$x - y$	$y - x$	$\lvert x\rvert - \lvert y\rvert$	$(x + y)^2$	$(x - y)^2$	$x \cdot y$	$x : y$	$\frac{1}{x} \cdot \frac{1}{y}$	$3x^2 - y$
a)	2	5	7	–3	3	–3	49	9	10	0,4	$\frac{1}{10}$	7
b)	–6	5	–1	–11	11	1	1	121	–30	–1,2	$-\frac{1}{30}$	103
c)	–12	–7	–19	–5	5	5	361	25	84	$\frac{12}{7}$	$\frac{1}{84}$	439
d)	–8	0	–8	–8	8	8	64	64	0	n. l.	n. l.	192
e)	0	1	1	–1	1	–1	1	1	0	0	n. l.	–1
f)	8	–2	6	10	–10	6	36	100	–16	–4	$-\frac{1}{16}$	194
g)	10	2	12	8	–8	8	144	64	20	5	$\frac{1}{20}$	298
h)	3	–4	–1	7	–7	–1	1	49	–12	$-\frac{3}{4}$	$-\frac{1}{12}$	31
i)	$\frac{1}{2}$	$\frac{1}{4}$	$\frac{3}{4}$	$\frac{1}{4}$	$-\frac{1}{4}$	$\frac{1}{4}$	$\frac{9}{16}$	$\frac{1}{16}$	$\frac{1}{8}$	2	8	$\frac{1}{2}$
j)	–0,4	1,6	1,2	–2	2	–1,2	1,44	4	–0,64	$-\frac{1}{4}$	$-\frac{25}{16}$	–1,12
k)	3	$\frac{1}{3}$	$\frac{10}{3}$	$\frac{8}{3}$	$-\frac{8}{3}$	$\frac{8}{3}$	$\frac{100}{9}$	$\frac{64}{9}$	1	9	1	$\frac{80}{3}$
l)	0,6	–5	–4,4	5,6	–5,6	–4,4	19,36	31,36	–3	$-\frac{6}{50}$	$-\frac{1}{3}$	6,08
m)	$(-1)^9$	$(-1)^8$	0	–2	2	0	0	4	–1	–1	–1	2
n)	$\left(-\frac{1}{3}\right)^2$	$\frac{1}{2}$	$\frac{11}{18}$	$-\frac{7}{18}$	$\frac{7}{18}$	$-\frac{7}{18}$	$\frac{121}{324}$	$\frac{49}{324}$	$\frac{1}{18}$	$\frac{2}{9}$	18	$-\frac{25}{54}$

2

	Gleichung	L in $\mathbb{N}$	L in $\mathbb{Q}_+$	L in $\mathbb{Z}$	L in $\mathbb{Q}$
a)	$x - 2 = 9$	11	11	11	11
b)	$x + 9 = 2$	Ø	Ø	–7	–7
c)	$3x + 2 = 9$	Ø	$\frac{7}{3}$	Ø	$\frac{7}{3}$
d)	$3x + 2 = -10$	Ø	Ø	–4	–4
e)	$5x = 0$	0	0	0	0
f)	$\lvert x + 2\rvert = 9$	7	7	7; –11	7; –11
g)	$\lvert x - 2\rvert = 9$	11	11	11; –7	11; –7
h)	$x^2 = 6{,}25$	Ø	2,5	Ø	2,5; –2,5
i)	$x^3 = -8$	Ø	Ø	–2	–2

Seite 4

3 a) falsch b) falsch c) falsch d) falsch e) wahr f) wahr
g) falsch h) wahr i) falsch j) falsch k) falsch l) falsch

4 a) $\frac{8}{11}$; $\frac{6}{17}$; 4 b) $\frac{2}{3}$; $\frac{1}{6}$; 14 c) 14,14; −0,75; −5,4
d) 2; 1; $\frac{9}{5}$ e) $\frac{13}{6}$; 2; 0 f) 1,002; 10,02; 0,1002
g) 75; −225; $\frac{5}{4}$ h) 20; −56; $\frac{49}{25}$ i) $\frac{169}{196}$; $\frac{4}{9}$; $\frac{49}{9}$

5 a) ≈ 6; ≈ 7; ≈ 620 b) ≈ 0,2; ≈ 8,1; ≈ 0,1 c) ≈ 900; ≈ 0,1; ≈ 7
d) ≈ 0,15; ≈ 17; ≈ −30 e) ≈ 1; ≈ 16; ≈ 3

6

gemeiner Bruch	$\frac{1}{2}$	$\mathbf{\frac{3}{4}}$	$\mathbf{\frac{1}{5}}$	$\frac{1}{3}$	$\mathbf{\frac{1}{10}}$	$\mathbf{\frac{2}{3}}$	$\frac{3}{2}$	$\mathbf{\frac{1}{20}}$	$\mathbf{\frac{1}{100}}$	2
Dezimalbruch	**0,5**	0,75	**0,2**	**$0,3\overline{3}$**	0,1	**$0,6\overline{6}$**	**1,5**	0,05	**0,01**	**2**
Prozentsatz	**50 %**	**75 %**	20 %	**$33\frac{1}{3}$ %**	**10 %**	$66,\overline{6}$ %	**150 %**	**5 %**	1 %	**200 %**

7 a) 10 €; 14,4 cm; 0,133 hl b) 69,2 kg; 0,8 dt; 60 €
c) 42,5 km; 5 100 cm²; 0,05 g d) 18 *l*; 4,8 m²; 12,6 t

Seite 5

8 a) 1 %; 20 %; ≈ 71,43 % b) 49 %; 120 %; 46 % c) 8 %; 125 %; 12,5 %
d) ≈ 0,0137 %; 2,5 %; 5 % e) 9 %; $16\frac{2}{3}$ %; $6\frac{2}{3}$ %

9 a) 690 €; 60 €; 109 ha b) 86,06 km; 1 490 *l*; 890 m
c) ≈ 4 083 €; ≈ $10\frac{2}{3}$ t; 21 000 h d) ≈ 44,36 hl; 9,6 km; 168 m²
e) 22,2 m²; 1 000 €; 8 000 a

10 a) 1 664, 1 712, 1 792 b) 2 000, 1 648, 1 856 c) 1 200, 1 280, 1 520 d) 1 360, 1 568, 1 400
e) 1 584, ≈ 1 599, 1 575 f) 1 584, ≈ 1 599, 1 575 g) ≈ 1 548 h) 1 500

11 a) keine Proportionalität b) direkte Proportionalität $x \longrightarrow \frac{1}{4}x$ c) umgekehrte Proportionalität $x \longrightarrow \frac{1}{x}$
d) keine Proportionalität e) direkte Proportionalität $x \longrightarrow 3x$

12 a) x = 11 x = 31,25 x = 20 b) x = 90 x = 9,5 x = 28
c) x = 0,01 x = 96 x = 41,7 d) x = 0,355 x = 120 x = −0,75
e) x = 5 x = 5 x = 7,5

Seite 6

13 a) Maßstab 1 : 50 000

Länge auf der Karte	1 cm	4 cm	9 cm	1,5 cm	6,5 cm	8,1 cm	**10 cm**	**14,4 cm**
Länge in Wirklichkeit	**500 m**	**2 km**	**4,5 km**	**750 m**	**3,25 km**	**4,05 km**	5 km	7,2 km

b) Maßstab 1 : 200 000

Länge auf der Karte	1 cm	2,5 cm	11 cm	**20 cm**	**50 cm**	**4 cm**	**0,25 cm**	120 cm
Länge in Wirklichkeit	**2 km**	**5 km**	**22 km**	40 km	100 km	8 km	500 m	**240 km**

c) Maßstab 250 : 1

Größe des Originals	**250 cm**	**750 cm**	0,1 km	0,25 km	125 m	50 m	625 m	**500 m**
Größe des Bildes	1 cm	3 cm	**40 cm**	**1 m**	**50 cm**	**20 cm**	**2,5 m**	2 m

14 a) $7 \cdot 10^2$; $3{,}68 \cdot 10^5$; $6{,}8 \cdot 10^{-1}$ b) $4{,}176 \cdot 10^{-3}$; $7{,}08 \cdot 10^{10}$; $9{,}99 \cdot 10^{-3}$
c) $4{,}31 \cdot 10^{-4}$; $6{,}289 \cdot 10^0$; $3{,}91 \cdot 10^3$ d) $7{,}92 \cdot 10^{-4}$; $1{,}74 \cdot 10^1$; $4{,}27 \cdot 10^3$
e) $1{,}2 \cdot 10^{-1}$; $6{,}92 \cdot 10^5$; $7{,}2 \cdot 10^{-5}$

15 a) 0,00000048 m b) 148 000 000 km^2 c) 0,0002 s
d) 0,015 mm e) 2 630 °C f) 0,0032 km

16 a) 50 000 g; 170 dm; 17 dm^2 b) 42 500 cm^3; 30 min; 4 000 kg
c) 700 *l*; 1 400 a; 0,8 mm d) 700 000 m^3; 120 g; 18 400 m
e) 200 mg; 5,5 $\frac{m}{s}$; 864 000 Ws

17 a) 0,084 t (0,84 dt); 0,073 km; 0,0042 a b) 0,0758 m^3; 1,25 h; 3,7 t
c) 0,08 hl; 0,31 km^2; 0,003 dm d) 0,00072 dm^3; 0,2 g; 43,2 $\frac{km}{h}$
e) 12,8 kg; 1,4 hl; 16 min

18 a) 81 300 000 mg; 190 000 m^2; 1 350 dm^3 b) 10^{-6} mm; 10^{-4} cm; 25 000 cm^3
c) 5 400 s; 70 000 g; 0,087 m^2 d) 0,005 m^3; 7,5 d; 0,14 kg
e) $6\frac{2}{3}$ h; 20 $\frac{m}{s}$; 5 cl

Rechnen mit gemeinen Brüchen und Dezimalbrüchen

Seite 7

1 a) $\frac{7}{4} > \frac{2}{3}$ b) $\frac{7}{18} < \frac{5}{12}$ c) $\frac{7}{9} > \frac{3}{4}$ d) $\frac{4}{3} < \frac{7}{5}$ e) $\frac{15}{35} < \frac{8}{14}$
f) $\frac{7}{8} > \frac{5}{6}$ g) $\frac{13}{20} > \frac{9}{14}$ h) $\frac{8}{30} = \frac{12}{45}$ i) $\frac{8}{30} < \frac{5}{18}$ j) $\frac{11}{24} > \frac{7}{18}$

2 $\frac{5}{64} < \frac{5}{16} = \frac{10}{32} < \frac{1}{2} < \frac{18}{32} = \frac{9}{16} < \frac{12}{16} < \frac{60}{64} < 1 < 1\frac{1}{8} < \frac{7}{4} < 2$

3 a) $\frac{17}{12}$ b) $\frac{22}{15}$ c) $\frac{1}{18}$ d) n. l. e) $\frac{25}{16}$

f) $\frac{49}{12}$ g) 1 h) $\frac{14}{25}$ i) $\frac{10}{3}$ j) $\frac{1}{2}$

4 a) $\frac{3}{2} - \frac{\mathbf{5}}{\mathbf{4}} = \frac{1}{4}$ b) $\frac{5}{6} + \frac{\mathbf{1}}{\mathbf{12}} = \frac{11}{12}$ c) $\frac{4}{5} \cdot \frac{\mathbf{3}}{\mathbf{2}} = \frac{6}{5}$ d) $\frac{\mathbf{7}}{\mathbf{6}} - \frac{3}{5} = \frac{17}{30}$ e) $\frac{3}{8} + \frac{\mathbf{7}}{\mathbf{40}} = \frac{11}{20}$

f) $\frac{\mathbf{16}}{\mathbf{63}} + \frac{2}{9} = \frac{10}{21}$ g) $\frac{\mathbf{4}}{\mathbf{5}} \cdot \frac{25}{12} = \frac{5}{3}$ h) $\frac{9}{16} - \left(-\frac{1}{48}\right) = \frac{7}{12}$ i) $\frac{\mathbf{15}}{\mathbf{7}} : \frac{20}{7} = \frac{3}{4}$ j) $\frac{\mathbf{11}}{\mathbf{36}} + \frac{5}{12} = \frac{13}{18}$

5 a) $\mathbf{0} < \frac{4}{5} < \mathbf{1}$ b) $\mathbf{2} < \frac{13}{6} < \mathbf{3}$ c) $\mathbf{1} < 1\frac{2}{3} < \mathbf{2}$ d) $\mathbf{3} < \frac{16}{4} < \mathbf{5}$ e) $\mathbf{7} < 6\frac{8}{4} < \mathbf{9}$

f) $\mathbf{0} < \frac{1}{84} < \mathbf{1}$ g) $\mathbf{19} < \frac{39}{2} < \mathbf{20}$ h) $\mathbf{0} < \frac{7}{11} < \mathbf{1}$ i) $\mathbf{1} < 1\frac{1}{4} < \mathbf{2}$ j) $\mathbf{1} < \frac{31}{20} < \mathbf{2}$

6 a) 0,38 b) 1,4 c) 0,85 d) 0,52 e) 0,375

f) 2,8 g) 2,28 h) $0,\overline{4}$ i) $1,\overline{5}$ j) $0,\overline{6}$

k) 6,75 l) 0,84375 m) 27,0 n) $27,\overline{3}$ o) $2,0\overline{5}$

7 a) $\frac{2}{5}$ b) $\frac{16}{25}$ c) $\frac{78}{25} = 3\frac{3}{25}$ d) $\frac{111}{25} = 4\frac{11}{25}$ e) $\frac{38}{25} = 1\frac{13}{25}$

f) $\frac{36}{5} = 7\frac{1}{5}$ g) $\frac{27}{50}$ h) $\frac{73}{20} = 3\frac{13}{20}$ i) $\frac{251}{125} = 2\frac{1}{125}$ j) $\frac{9}{1250}$

Seite 8

8 a) $\frac{8}{3} = 2\frac{2}{3} = 2,\overline{6}$; $\frac{3}{2} = 1\frac{1}{2} = 1,5$; $\frac{3}{1} = 3$ b) $\frac{1}{1} = 1$; $\frac{4}{25} = 0,16$; $\frac{6}{1} = 6$ c) 0; n. def.; 1

d) $\frac{387}{20} = 19\frac{7}{20} = 19,35$; $\frac{2}{7} = 0,2857$; $53,465 = \frac{10693}{200} = 53\frac{93}{200}$

e) $\frac{87}{40} = 2\frac{7}{40} = 2,175$; $\frac{31}{32} = 0,96875$; $12,795 = 12\frac{159}{200} = \frac{2559}{200}$

f) $\frac{258}{5} = 51\frac{3}{5} = 51,6$; $\frac{121}{32} = 3\frac{25}{32} = 3,78125$; $-\frac{3}{5} = -0,6$

9 a) $1\frac{5}{6}$; $\frac{5}{2}$; 12 b) $\frac{1}{3}$; $\frac{3}{7}$; 0 c) n. def.; $2\frac{4}{19}$; 0,34 d) 0,13; 10; $\frac{12}{25}$

10

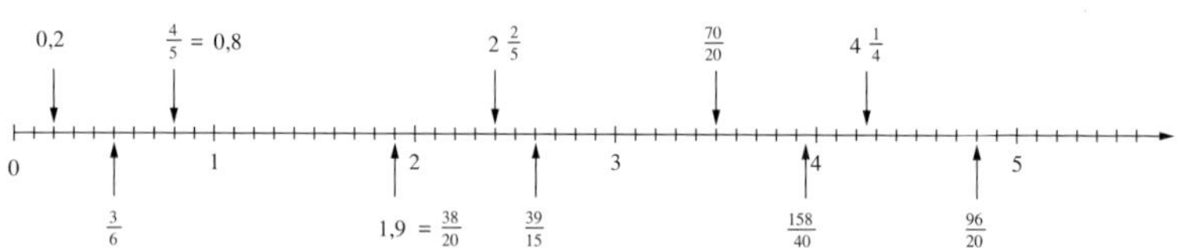

11 $8,7 > 7,8 = 7\frac{4}{5} > \frac{124}{40} > 2\frac{1}{4} > \frac{6}{5} = 1,2 > \frac{5}{6} > \frac{9}{13} > \frac{4}{13} > \frac{1}{6} > \frac{4}{26} > 0$

12 a) 6,5 b) $\frac{4}{9}$ c) $2\frac{1}{3}$ d) $7\frac{5}{6}$ e) $18\frac{8}{15}$ f) $\frac{14}{9}$

g) 2,2 h) 6 i) 10 j) $\frac{2}{3}$ k) 3,7 l) 2

13 a) z. B. $\frac{29}{46}$ b) z. B. $\frac{9}{35}$ c) z. B. $\frac{8}{15}$ d) z. B. $\frac{115}{77}$ e) z. B. $\frac{181}{80}$

f) z. B. $10\frac{5}{100} = \frac{1005}{100}$ g) z. B. $\frac{831}{1000}$ h) z. B. $\frac{281}{200}$ i) z. B. $\frac{199}{60}$ j) nicht möglich

Rechnen mit rationalen und nichtrationalen Zahlen

Seite 9

1

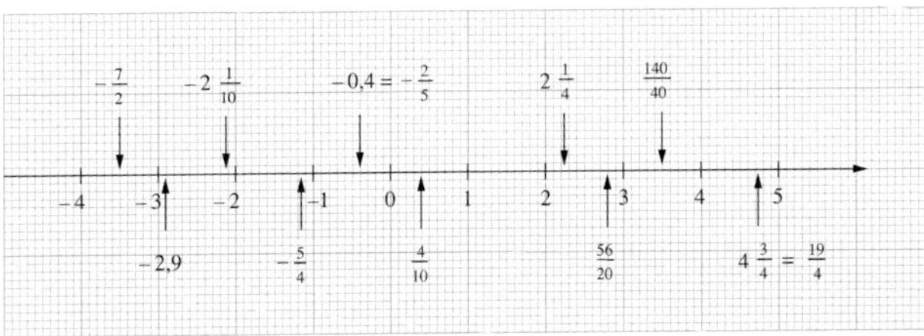

2 a) A (3; 7) B (1; 5)
C (2; 5) D (0; 3)
E (1; 3) F (–1; 1)
G (2; 1) H (2; –2)
I (4; –2) K (4; 1)
L (7; 1) M (5; 3)
N (6; 3) O (4; 5)
P (5; 5)

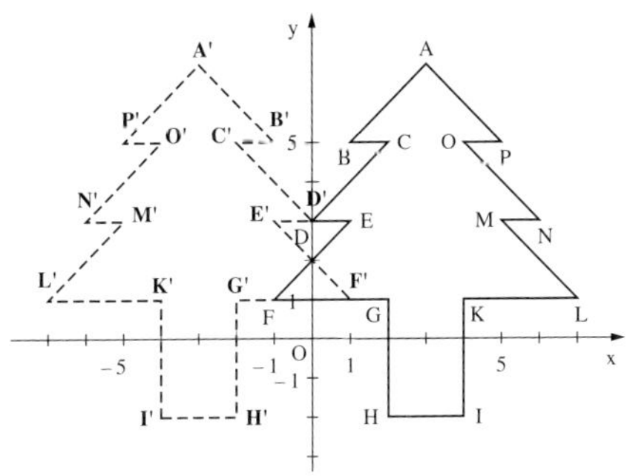

b) A' (–3; 7) B' (–1; 5) C' (–2; 5) D' (0; 3) E' (–1; 3)
F' (1; 1) G' (–2; 1) H' (–2; –2) I' (–4; –2) K' (–4; 1)
L' (–7; 1) M'(–5; 3) N' (–6; 3) O' (–4; 5) P' (–5; 5)

c) A"(3; –7) B"(1; –5) C"(2; –5) D"(0; –3) E"(1; –3)
F" (–1; –1) G"(2; –1) H"(2; 2) I" (4; 2) K"(4; –1)
L"(7; –1) M"(5; –3) N" (6; –3) O"(4; –5) P" (5; –5)

3 $15\frac{3}{4} > 14,1 > \frac{47}{5} > 5,02 > 2\frac{1}{3} > 0,1 > -\frac{1}{10} > -\frac{14}{10} > -2,4 > -2\frac{4}{5} > -\frac{29}{10} > -\frac{70}{5} > -14\frac{1}{10}$

4 a) $5^2 = \mathbf{25}$ b) $2^{-3} = \mathbf{\frac{1}{8}}$ c) $\sqrt{100} = \mathbf{10}$
d) $\sqrt[3]{8} = \mathbf{2}$ e) $\lg 100 = \mathbf{2}$ f) $\lg 0,01 = \mathbf{-2}$

5 a) 1; 9; 81; 25
216; 16; 32; 64
0,09; 0,0625; 0,000001; 0,0036

b) $\frac{1}{3}$; 1; 128; 256
$\frac{1}{9}$; 3; 27; 3
7; 0,6; 25; 0,2

Seite 10

c) 4; 3; 5; $\frac{3}{4}$
$\frac{2}{5}$; 0; 1; n.def.
0,2; 200; 1,2; 0,12

d) $\frac{1}{b^2}$; $\sqrt{a}$; n.def.; 1
1, $k \neq 0$; a; 25; 64
$\frac{1}{8}$; $\sqrt[4]{4} = \sqrt{2}$; 5; 2,25

e) $\frac{1}{x+y}$; 1, falls $x \neq -y$; $\frac{1}{(x+y)^2}$; $\sqrt{x+y}$

$\frac{1}{\sqrt{x+y}}$; $|x|$; x^3, falls $x \geq 0$; $|x^3|$

$\sqrt[3]{x}$, $x \geq 0$; $\sqrt[3]{x^6 + y^9}$; ax^2, falls $a \geq 0$; $0{,}2x^2$

f) 9; $\frac{9}{16}$; $\frac{1}{144}$; 9

$\frac{4}{a^2}$; $\frac{a^2}{4}$; $\frac{1}{2}|a|$; -8

$\frac{1}{8}$; $-\frac{1}{8}$; $-1\,000$; $-1\,000$

g) 4; -3; n.def.; 0

n.def.; -4; -2; $-\frac{1}{2}$

$\frac{1}{2}$; 0; 6; 5

h) 0; 2; -2; -3

7; 3; 7; 2

0; 1; $10x$; $x+1$

i) $\frac{1}{2}$; $\frac{1}{2}$; $-\frac{1}{2}$; -1

$\lg(a+b)$; $2\lg(a+b)$; $\lg(a+b) + \lg(a-b)$; $\lg 3 + 2\lg x$

$\lg u - \lg v$; $\frac{1}{2}\lg(1+x)$; $\lg(3\sqrt{5})$; $\lg\sqrt{15}$

6 a) 81; 25; 2; n.def. b) $\frac{1}{81}$; 2; 2; 1 c) -2; 0; 1; n.l.

d) n.l.: $\frac{1}{4}$; 3; -2 e) -3; 4; $\frac{2}{3}$; 1

Seite 11

f) $-1{,}44$; 1; $\sqrt{2}$; 1 g) 4; $\frac{49}{4}$ 2; 2 h) 0 16; 0; n.def.

7

	o	p	q	r	$\lvert o\rvert$	$\sqrt{p}$	q^3	$\frac{o+p}{q \cdot r}$	$\frac{o-p}{q-r}$	$\sqrt{op} - \sqrt{qr}$	$\lg o - \lg p$	$\sqrt{r} + 2\lg q$
a)	0	1	2	3	**0**	**1**	**8**	**0,17**	**1**	**–1,45**	**n.def.**	**2,33**
b)	–4	–2	0	4	**4**	**n.def.**	**0**	**n.def.**	**0,5**	**2,83**	**n.def.**	**n.def.**
c)	–2,5	$\frac{1}{2}$	3	–8	**2,5**	**0,71**	**27**	**0,08**	**–0,27**	**n.def.**	**n.def.**	**n.def.**
d)	1,25	$\frac{1}{3}$	–0,7	0,8	**1,25**	**0,58**	**–0,34**	**–2,83**	**–0,61**	**n.def.**	**–2,00**	**n.def.**
e)	$2\frac{1}{2}$	–0,1	–0,1	–0,1	**2,5**	**n.def.**	**–0,001**	**240**	**n.def.**	**n.def.**	**n.def.**	**n.def.**
f)	14,5	0	0	–2	**14,5**	**0**	**0**	**n.def.**	**1,31**	**n.def.**	**n.def.**	**n.def.**
g)	$\sqrt{1}$	$\sqrt{2}$	$\sqrt{3}$	$\sqrt{4}$	**1**	**1,19**	**5,20**	**0,70**	**1,55**	**–4,30**	**–0,15**	**1,89**
h)	1	2	–3	lg 4	**1**	**1,41**	**–27**	**–1,11**	**0,28**	**n.def.**	**–0,30**	**n.def.**
i)	$\sqrt{5}$	lg 5	5	–5	**2,24**	**0,84**	**125**	**–0,12**	**0,15**	**n.def.**	**0,51**	**n.def.**
j)	lg 0	$\sqrt{10}$	10^2	10^3	**n.def.**	**1,78**	**10^6**	**n.def.**	**n.def.**	**n.def.**	**n.def.**	**35,62**

8 a) $5^3 \cdot 5^6 = \mathbf{5^9}$, denn $a^m \cdot a^n = \mathbf{a^{m+n}}$

b) $\frac{4^7}{4^3} = \mathbf{4^4}$, denn $\frac{a^m}{a^n} = \mathbf{a^{m-n}}$

c) $(3 \cdot 172)^2 = \mathbf{3^2 \cdot 172^2}$, denn $(a \cdot b)^n = \mathbf{a^n \cdot b^n}$

d) $(4^5)^2 = \mathbf{4^{10}}$, denn $(a^b)^c = \mathbf{a^{b \cdot c}}$

e) $a^{\frac{2}{7}} = \mathbf{\sqrt[7]{a^2}}$, denn $a^{\frac{m}{n}} = \mathbf{\sqrt[n]{a^m}}$

f) $\sqrt{7} \cdot \sqrt{3} = \mathbf{\sqrt{21}}$, denn $\sqrt[n]{a} \cdot \sqrt[n]{b} = \mathbf{\sqrt[n]{a \cdot b}}$

g) $\frac{\sqrt[4]{11}}{\sqrt[4]{17}} = \mathbf{\sqrt[4]{\frac{11}{17}}}$, denn $\frac{\sqrt[m]{a}}{\sqrt[m]{b}} = \mathbf{\sqrt[m]{\frac{a}{b}}}$

h) $(\sqrt[3]{5})^4 = \mathbf{\sqrt[3]{5^4}}$, denn $(\sqrt[n]{a})^m = \mathbf{\sqrt[n]{a^m}}$

i) $\sqrt[3]{7} \cdot \sqrt[4]{7} = \mathbf{\sqrt[12]{7^7}}$, denn $\sqrt[m]{a} \cdot \sqrt[n]{a} = a^{\frac{1}{m}} + a^{\frac{1}{n}} = a^{\frac{n+m}{m \cdot n}}$

9
a) 4^{20}; 21^8; $9^2 = 81$ b) $\frac{1}{3^{24}}$; 4^6; 1; c) 4^6; 12^{18}; $3^{7\sqrt{2}}$
d) 2^8; $0{,}2^{\frac{5}{4}}$; 6,4 e) $\frac{3}{5}$; $\left(\frac{1}{4}\right)^{\frac{1}{7}}$; $\left(\frac{27}{8}\right)^{-3} = \left(\frac{8}{27}\right)^3$; f) $\left(\frac{27}{8}\right)^{\frac{1}{2}} = \frac{3}{2}\sqrt{\frac{3}{2}}$; $10^{\frac{5}{6}}$; $\frac{4}{7}$

Seite 12

10
a) wahr b) falsch; $\frac{1}{2}$ c) falsch; $\sqrt{10}$
d) falsch; $\sqrt[10]{356}$ e) wahr f) falsch; 2^{2n+2}
g) falsch; 2^{-z} h) falsch; $3a^{-1}$ i) falsch; $e^{2x} - e^{-2x}$

11
a) a^2 b) $8a - 6$ c) $\frac{1}{x}$
d) $a^2 + b^2$ e) $a + 7b^2$ f) x^2
g) $a - 3$ h) $3b \quad 2$ i) $\frac{\sqrt{x-1}}{x-2}$

12
a) $3x$; $144a$; ab b) $\sqrt{b}$; $-2xy\sqrt{x}$; $\sqrt{x+1}$
c) x^{-2}; $2x^3 \cdot \sqrt[3]{4}$; $2ab^2c^6$ d) $2x^3y^6\sqrt{2}$; $\sqrt[6]{a}\,\sqrt{x}$; $\frac{1}{m}\sqrt{\frac{n}{m}}$
e) $x^2 \cdot \sqrt[6]{x}$; $\frac{1}{t} \cdot \sqrt[6]{t}$; $\sqrt[12]{y}$ f) $x + 2\sqrt{xy} + y$; $a^2 - b$; 2

13
a) $\frac{2}{3}$; $\frac{\sqrt{3}}{3}$; $\frac{\sqrt{a}}{a}$; $\frac{\sqrt{30}}{6}$ b) $\frac{\sqrt{xy}}{y}$; $\frac{a\sqrt{ab}}{b^3}$; $\frac{2\sqrt{7}}{5}$; 1
c) $\frac{\sqrt{nm}}{m^2}$; $\frac{4+\sqrt{2}}{14}$; $\frac{\sqrt{6}}{3}$; $\frac{\sqrt[3]{18}}{3}$ d) $\frac{\sqrt[4]{8}}{2}$; $\frac{\sqrt[4]{250}}{5}$; $\frac{x}{2} \cdot \sqrt[3]{2x}$; $\frac{x}{y} \cdot \sqrt[4]{3y}$
e) $15\sqrt[3]{25a^2}$; $\frac{\sqrt{2b}}{4b}$; $\frac{3}{7} \cdot \sqrt[4]{49x}$; $\frac{\sqrt[5]{a^3b^2}}{b}$

14
a) $2\sqrt{6}$; $2\sqrt[3]{4}$; $3a\sqrt[3]{a}$; $xy^2\sqrt{x}$
b) $\frac{1}{xy} \cdot \sqrt[6]{x^{-5}y^{-1}}$; $a(x+y)^2\sqrt{a(x+y)}$; $x^2y^4z\sqrt[3]{z}$; $|2x+2|$
c) $|a+b|\sqrt{a-b}$; $|a-1|\sqrt{a+1}$

Seite 13

15
a) $x = 2$; $x = 1$; n.l.; $x = 0$ b) $x = 4$; n.l.; $x = -4$; $x = \frac{1}{2}$
c) $x = \frac{3}{7}$; n.l.; $x = -3$; n.l. d) $x = -6$; $x = 2$; $x = 2$; $x = 2$

16
a) $\log_2(5 \cdot 3) = \log_2 5 + \log_2 3$, denn $\log_a(b \cdot c) = \log_a b + \log_a c$
b) $\log_3(7^3) = 3 \cdot \log_3 7$, denn $\log_a(b^c) = c \cdot \log_a b$
c) $\log_4\left(\frac{5}{16}\right) = \log_4 5 - \log_4 16$, denn $\log_a\left(\frac{b}{c}\right) = \log_a b - \log_a c$
d) $\log_5(\sqrt{2}) = \frac{1}{2}\log_5 2$, denn $\log_a(\sqrt[m]{b}) = \frac{1}{m}\log_a b$

17 a) 2; $\log_4 \frac{1}{18}$; $2(\log_6 5 + \log_{12} 2)$ b) $\log_3 27 = 3$; 6; 28

c) $\frac{3}{4}$; 18; $\lg x$ d) $\frac{1}{2} \lg a$; $-\lg x$; 2

e) $2 \cdot \lg \frac{x}{y}$; $\lg \frac{a}{b}$; $\lg \sqrt[3]{\frac{x}{y^3}} = \frac{1}{3} \lg \frac{x}{y^3}$

18 Tabelle ①

	a)	b)	c)	d)	e)	f)	g)	h)	i)	j)	k)	l)
Grundwert G in km	38,4	**876**	40 000	**0,876**	0,024	234,432	3 340	666	440	**1 010,1**	**$14,1\overline{6}$**	2,9
Prozentsatz p in %	**21**	45	0,278	25	75	**50**	$37\frac{1}{2}$	$66\frac{2}{3}$	**4,5**	99	120	443
Prozentwert W in km	8,064	394,2	**111,2**	0,219	**0,018**	117,216	**1 252,5**	**444**	19,8	1 000	17	**12,847**

Tabelle ②

	a)	b)	c)	d)	e)	f)
Grundwert G	12 400 *l*	456 €	**36 cm**	55 kg	9 870 €	**400 *l***
Prozentsatz p	**6 %**	**18 %**	14 %	14 %	**25 %**	20 %
Prozentwert W	**744 *l***	**82,08 €**	**5,04 cm**	**7,7 kg**	**2 467,5 €**	80 *l*
erhöhter Grundwert G + W	13 144 *l*	538,08 €	41,04 cm	**62,7 kg**	12 337,5 €	**480 *l***

Seite 14

Tabelle ③

	a)	b)	c)	d)	e)	f)
Kapital in €	2 468	6 228	**24 840**	**8 000**	7 000	1 111
Zinssatz in %	3,6	**4,75**	$6\frac{3}{4}$	$4\frac{1}{2}$	$5\frac{2}{5}$	**11 %**
Jahreszinsen in €	**88,85**	295,83	1 676,7	**360**	**378**	122,21
Zeit in d	45	**66**	270	1	1	**111**
Zinsen in €	**11,11**	54,24	**1 257,53**	1	**1,05**	37,68

19 a) keine Proportionalität

b) umgekehrte Proportionalität
$a \longrightarrow \frac{1}{a}$

c) keine Proportionalität

d) umgekehrte Proportionalität
$e \longrightarrow \frac{200}{e}$

e) direkte Proportionalität
$g \longrightarrow 80\ g$

f) direkte Proportionalität
$s \longrightarrow 15{,}5\ s$

g) direkte Proportionalität
$v \longrightarrow -\frac{1}{4} v$

h) keine Proportionalität

Mengen und Mengenbeziehungen; Intervalle

Seite 15

1 a) $M = \{4; 6; 8; 10\}$
$N = \{3; 6; 9; 12\}$

b) $D = M \cap N = \{6\}$
$V = M \cup N = \{3; 4; 6; 8; 9; 10; 12\}$

c) $T_1 = \{3; 6; 9\}$; $T_2 = \{3; 6; 12\}$; $T_3 = \{3; 9; 12\}$; $T_4 = \{6; 9; 12\}$

2 a) $A = [-2; 3]$; $B = [3; 5]$; $C = [-\pi; \pi[$

b) $D = [0; 9{,}5]$; $E = [0; \frac{1}{3}]$; $F = [-1; 1]$

c) $G =]-\infty; 0[$; $H =]-45; \infty[$; $K =]4; 6[$

d) $L =]-\infty; \infty[$; $M =]-3; 4]$; $N = [0; \infty[$

3 a) $]1; 4]$ b) $[3; 6[$ c) $[\sqrt{2}; \infty[$ d) $]-2; 2[$ e) $[1; 6]$ f) $]-\infty; 3]$

4 a) $P = \{0; 1; 2; 3; 4; 5; 6\}$

b) $Q = \left\{\frac{1}{1}; \frac{1}{2}; \frac{1}{3}; \frac{1}{4}; \frac{1}{5}; \frac{1}{6}; \frac{1}{7}\right\}$

c) $R = \{-3; -2; -1; 0; 1; 2; 3; 4; 5; 6\}$

d) $S = \emptyset$

5 a)

	$A \subseteq B$	$B \subseteq A$	$A \subseteq D$	$7 \in C$	$A = B \cup C$	$\{4; 5; 6\} \subseteq D$	$E \cap D = A$	$B \cap D = A$	$A \cup B = A$
wahr		**x**			**x**				**x**
falsch	**x**		**x**	**x**		**x**	**x**	**x**	

b)

$A \cap B = \{6; 7; 8\}$	$(A \cup D) \setminus B = \{1; 2; 3; 4; 5; 10; 12; 14; 16; 18\}$
$A \cap C = \{1; \ldots; 6\}$	$B \cap C = \{6\}$
$B \cup D = \{2; 4; 6; 7; 8; 10; \ldots; 18\}$	$D \cap E = \emptyset$
$B \cup C = A$	$A \cap D = \{2; 4; 6; 8\}$
$A \setminus B = \{1; 2; 3; 4; 5\}$	$B \cap D = \{6; 8\}$
$C \cup D = \{1; 2; \ldots; 6; 8; 10; 12; \ldots; 18\}$	$B \setminus C = \{7; 8\}$
$C \cap D = \{2; 4; 6\}$	$(A \cap B) \cup C = \{1; \ldots; 8\}$
$C \cup E = \{1; 2; 3; \ldots; 6; 7; 9; 11; \ldots; 17; 19\}$	$\Omega \setminus E = \{0; 2; 4; 6; 8; 10; 12; 14; 16; 18; 20\}$

Seite 16

6 a) $A = \{0; 1; 2; 3; 4\} = \{x \in \mathbb{N} \mid x < 5\}$

b) $B = \{2\}$

c) $C =]-21; \pi[$

d) $D = \emptyset$

e) $E =]-\infty; -4[\cup]8; \infty[= \mathbb{R} \setminus [0; 4]$

f) $F = \left\{x \mid x \in \mathbb{Z} \wedge x < 0 \wedge \frac{x}{2} \in \mathbb{Z}\right\}$

7 a) 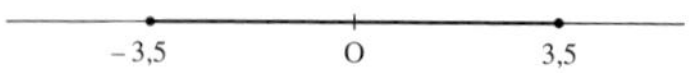

b) 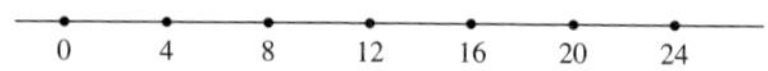

c) 

d) 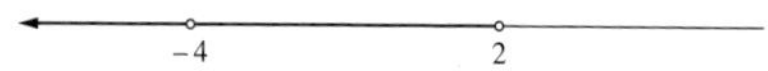

e) 

f) 

g) 

h) 

i) 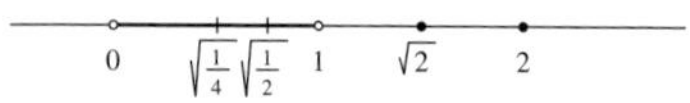

(ohne die irrationalen Zahlen aus]0; 1[)

8 Die zu beschreibende Menge sei X. X ist die Menge aller Elemente von G,

a) die zu A und (gleichzeitig) zu B gehören.

b) die zu A, aber nicht zu B gehören.

c) die zu A oder zu B, aber nicht gleichzeitig zu beiden gehören.

d) die weder zur Menge A noch zur Menge B gehören.

e) die nur zu A oder nur zu B gehören.

f) die zur Menge A und nicht zur Menge B gehören, wobei jedes Element von B auch Element von A ist.

Terme und Termumformungen

Seite 17

1 a) $\frac{x^3 - x}{6}$ b) $l = 13a + 12b$

2

a)	$(13 + a) \cdot (13 - a)$;	Produkt	b) $7b - \frac{b}{7}$;	Differenz
c)	$c : 3^4$;	Quotient	d) $(12 + d)^2$;	Potenz
e)	$e^3 : (1 + e)$;	Quotient	f) $(x - 4)(7 - f)$;	Produkt
g)	$(x + 99)^3$;	Potenz	h) $n \cdot (n - 1) \cdot \frac{(n+1)}{3}$; $n \geq 1$;	Quotient

3 a) $u = 8a + 4b + 2a + 2b + 3a + 2b + 3a + 4b$

$u = 16a + 12b = 4(4a + 3b)$

$A = (8a \cdot 4b) + (3a \cdot 2b)$

$A = 32ab + 6ab = 38ab$

b) $u = a + 2b + c$

$A = \frac{a+c}{2} \cdot h$ $\quad h = \sqrt{b^2 - \left(\frac{a-c}{2}\right)^2}$

$A = \frac{a+c}{2} \cdot \sqrt{b^2 - \left(\frac{a-c}{2}\right)^2}$ $\quad b^2 = h^2 + \left(\frac{a-c}{2}\right)^2$

c) $u = 2\pi d$

$A = d^2 + \frac{1}{2}\pi d^2$

$A = d^2\left(1 + \frac{\pi}{2}\right)$

d) $u = 2\pi e$

$A = 2 \cdot \left(\frac{e}{2}\right)^2 \pi - e^2$

$A = e^2\left(\frac{\pi}{2} - 1\right)$

e) $u = \pi a$

$A = 2\left(a^2 - \frac{\pi a^2}{4}\right)$

$A = \frac{a^2}{2}(4 - \pi)$

Seite 18

4 a) $A_1 = \frac{1}{2} \cdot \frac{a^2}{4} \pi + \frac{1}{2} \cdot \frac{b^2}{4} \pi = \frac{\pi}{8} (a^2 + b^2)$

$A_2 = \frac{1}{2} \left(\frac{1}{2} \sqrt{a^2 + b^2}\right)^2 \cdot \pi = \frac{1}{8} (a^2 + b^2) \pi$

$u_1 = a + \frac{a}{2} \pi + b + \frac{b}{2} \pi = (1 + \frac{\pi}{2})(a + b)$

$u_2 = \sqrt{a^2 + b^2} + \frac{1}{2} \pi \sqrt{a^2 + b^2} = \sqrt{a^2 + b^2} \cdot \left(1 + \frac{\pi}{2}\right)$

b) $u = 6f$

$A = f^2 + 2 \cdot \left(\frac{f^2}{4} \sqrt{3}\right)$

$A = f^2 + \left(\frac{f^2}{2} \sqrt{3}\right)$

$A = f^2 \cdot \left(1 + \frac{\sqrt{3}}{2}\right)$

c) $V = \frac{1}{3} a^2 h = \frac{1}{3} a^3$

$A_O = a(a + 2h_s)$ $h_s \mathrel{\hat{=}}$ Höhe der Seitenfläche

$h_s = \sqrt{h^2 + \left(\frac{a}{2}\right)^2}$ $h_s = \sqrt{a^2 + \frac{a^2}{4}}$

$A_O = a(a + a\sqrt{5})$ $h_s = \sqrt{\frac{5}{4} \cdot a^2} = \frac{a}{2} \sqrt{5}$

$A_O = a^2 (1 + \sqrt{5})$

d) $V = V_w + V_z + V_K$

$V = a^3 + \pi r^2 h + \frac{\pi}{3} r^2 h$

$V = a^3 + \pi \left(\frac{a}{2}\right)^2 a + \frac{\pi}{3} \left(\frac{a}{2}\right)^2 a$

$V = a^3 + \frac{\pi}{4} a^3 + \frac{\pi}{12} a^3$

$V = a^3 \left(1 + \frac{\pi}{4} + \frac{\pi}{12}\right)$

$V = a^3 \left(1 + \frac{\pi}{3}\right)$

$A_O = A_{MK} + A_{MZ} + A_{OW} - A_K$

$A_O = \pi r s + 2\pi r h + 6a^2 - \pi r^2$

$A_O = \pi \left(\frac{a}{2}\right) s + 2\pi \frac{a}{2} \cdot a + 6a^2 - \pi \left(\frac{a}{2}\right)^2$

$A_O = \frac{\pi}{2} as + \pi a^2 + 6a^2 - \frac{\pi}{4} a^2$

$A_O = \frac{\pi}{2} a \cdot \frac{a}{2} \sqrt{5} + \frac{3\pi}{4} a^2 + 6a^2$

$A_O = \frac{\pi\sqrt{5}}{4} a^2 + \frac{3\pi}{4} a^2 + 6a^2$

$A_O = a^2 \left[\frac{\pi}{4} (\sqrt{5} + 3) + 6\right]$

$s = \sqrt{r^2 + h^2}$

$s = \sqrt{\left(\frac{a}{2}\right)^2 + a^2}$

$s = \sqrt{\frac{a^2}{4} + a^2}$

$s = \sqrt{\frac{5a^2}{4}} = \frac{a}{2} \sqrt{5}$

e) $V = V_Q - 2V_K$

$V = a^2 \cdot 2a - 2\left(\frac{1}{6} \pi d^3\right)$

$V = 2a^3 - \frac{1}{3} \pi a^3$

$V = a^3 \left(2 - \frac{1}{3} \pi\right)$

f) $V = V_Z - V_K$

$V = \pi r^2 h - \frac{\pi}{3} r^2 h$

$V = \pi r^3 - \frac{\pi}{3} r^3$

$V = \frac{2\pi}{3} r^3$

$A_O = A_K + A_{MZ} + A_{MK}$

$A_O = \pi r^2 + 2\pi r h + \pi r s$

$A_O = \pi r^2 + 2\pi r^2 + \pi r s$

$A_O = 3\pi r^2 + \pi r s$

$s = \sqrt{h^2 + r^2}$

$s = \sqrt{2r^2} = r\sqrt{2}$

$A_O = 3\pi r^2 + \pi r \cdot r \cdot \sqrt{2}$

$A_O = 3\pi r^2 + \sqrt{2}\, \pi r^2$

$A_O = \pi r^2 (3 + \sqrt{2})$

5 a) $a + b : c =$ **−6,625** b) $(a + b) : c =$ **0,125** c) $(a + b)^c =$ **1**

6 a) $-\frac{32}{5}$; −10; $\frac{33}{20}$; 4

b) −6; −10,5; n. l.; 84,64

c) $0{,}0039062 = 2^{-8} = \frac{1}{256}$; 636,15114; 39,810717; 86,7361738

Seite 19

7

a	b	$3a+2b$	$\frac{a+b}{a\cdot b}$	$\frac{a-b}{a+b}$	$\frac{a:b}{(a+b)^2}$	$\left(\frac{a\cdot b}{a+b}\right)^2$	$\frac{a^2+b^2}{a+b}$	$\sqrt{ab}-\sqrt{a-b}$
3,19	2,52	**14,61**	**0,71**	**0,12**	**0,04**	**1,98**	**2,89**	**2,02**
7,2	–1,4	**18,80**	**–0,58**	**1,48**	**–0,15**	**3,02**	**9,28**	**n. l.**
–8,2	–8,2	**–41,00**	**–0,24**	**0**	**0,004**	**16,81**	**–8,20**	**8,20**

8 a) $\mathbf{a = 0; -2; +2}$ b) $\mathbf{a > \frac{8}{3} \wedge a < -\frac{8}{3}}$ c) $\mathbf{a = k \cdot \pi;\ k \in \mathbb{Z}}$

9
a) $a < 2$; $-1 < c < 1$; $x = (2k+1)\,\frac{\pi}{2};\ k \in \mathbb{Z}$
b) $x \le 0$; $b > \frac{2}{5}$; –
c) $x = (2k+1)\,\frac{\pi}{2};\ k \in \mathbb{Z}$; $x \le 0$; –
d) $x = (2k+1)\,\frac{\pi}{2};\ k \in \mathbb{Z}$; $x = \left(k + \frac{1}{2}\right)\frac{\pi}{2};\ k \in \mathbb{Z}$; $\left(k + \frac{1}{2}\right)\cdot \frac{\pi}{2} - 2;\ k \in \mathbb{Z}$
e) $x = 0$; $x \le 0$; $x \le 0 \wedge x = 1$
f) –; $0 \le |d| < 2$; $x < 1$

10
a) $D = \mathbb{R} \setminus \{4; -4\}$ b) $D = \mathbb{R} \setminus \{\pm 3\}$ c) $D = \mathbb{R} \setminus \{0\}$
d) $D = \mathbb{R} \setminus \{2\}$ e) $D = \mathbb{R} \setminus \left\{\pm\frac{1}{2}; 0\right\}$ f) $D = \mathbb{R} \setminus \{\pm 1; 0\}$

11
a) $\left(\frac{1}{2}ab^2 + \mathbf{c^3}\right)^2 = \frac{1}{4}a^2b^4 + ab^2c^3 + \mathbf{c^6}$ b) $(\sqrt{2}\,a - \sqrt{6b}\,)^2 = \mathbf{2a^2 - 4a\sqrt{3b} + 6b}$
c) $87^2 = (80+7)^2 = 6\,400 + 1\,120 + 49 = \mathbf{7\,569}$ d) $301^2 = (300+1) = 90\,000 + 600 + 1 = \mathbf{90\,601}$

12
a) $16x^2 - 16xy + 4y^2$ $49a^4 + 14a^2b + b^2$ $0{,}04a^2b^2 - 0{,}2ab^2c + 0{,}25b^2c^2$
b) $81a^2 - 6ab^2 + \frac{1}{9}b^4$ $\frac{1}{9}y^4 - \frac{1}{4}y^2z^2 + \frac{1}{9}z^4$ $4a^2 + 12ab + 9b^2$
c) $4u^4 - 12u^2v^2 + 9v^4$ $0{,}01r^2 - 16s^2$ $4a^4b^2 - 9a^2b^4$

Seite 20

13
a) $(2x+3y)^2$ b) $(5a-8b)\cdot(5a+8b)$ c) $(4m^2-5n^2)^2$ d) $(6c^3+3d^3)^2$
e) $(7e+1)^2$ f) $(5r+4s)^2$ g) $\left(\frac{x^2}{2} - \frac{y^3}{3}\right)\left(\frac{x^2}{2} + \frac{y^3}{3}\right)$ h) $-(\sqrt{13} - c)^2$

14
a) $4;\ (a+2)^2$ b) $4y^2;\ (2x+2y)^2$ c) $25n^2;\ (8m+5n)^2$
d) $36km;\ (2k+9m)^2$ e) $\frac{1}{4}y^2;\ \left(x - \frac{1}{2}y\right)^2$ f) $\frac{1}{4}x^8;\ \left(\frac{1}{2}x^4 - \frac{1}{2}y^2\right)^2$
g) $0{,}04s^4;\ (0{,}2r + 0{,}2s^2)^2$ h) $\frac{9}{4}b;\ \left(\sqrt{2a} + \frac{3}{2}\sqrt{b}\right)^2$ i) $1;\ 16;\ (x+1)^2;\ (y-4)^2$
j) $4;\ 6y;\ (x-2)^2;\ (y+3)^2$

15 a) ① $(n^2+6n+9)-(n^2-4n+4)=10n+5$ ② $-(n+2)^2$

③ $(n^2+2mn+m^2)-(n^2-m^2)=2mn+2m^2=2m(n+m)$

b) ① $(20+1)^2=400+40+1=441$; 1 024; $(50-2)^2=2\,500-200+4=2\,304$; 10 201

② 4 761; $(30+1)(30-1)=900-1=899$; 1 596; 2,24

16 a)

$$
\begin{array}{l}
(12a^2 - 16a + 5):(6a-5) = \boxed{2a} - \boxed{1} \\
-(\boxed{12a^2} - \boxed{10a}) \\
\quad \boxed{-6a} + 5 \\
\quad -(\boxed{-6a} + \boxed{5}) \\
\hline
\quad 0
\end{array}
$$

Probe: $(\boxed{2a}-\boxed{1})\cdot(6a-5)=$
$12a^2-10a-6a+5=12a^2-16a+5$

b)

$$
\begin{array}{l}
(x^2 + 5x + 7) : (x+1) = \boxed{x} + \boxed{4} + \frac{3}{x+1} \\
-(\boxed{x^2} + \boxed{x}) \\
\hline
\quad \boxed{4x} + 7 \\
\quad -(\boxed{4x} + \boxed{4}) \\
\hline
\quad 3
\end{array}
$$

Probe: $(\boxed{x}+\boxed{4})\cdot(x+1)+3=$
$x^2+x+4x+4+3=x^2+5x+7$

Seite 21

17 a) $x+5$ b) $3x^2+2x-4$ c) $2x+2+\frac{6}{x-1}$ d) $\frac{1}{2}x+3$

e) $-\frac{1}{3}a^2-a-\frac{2}{15}$ f) a^2+a+1 g) $3x^2-2x+\frac{4}{3}$ h) $\frac{1}{\frac{1}{2}a^2-a+1}$

i) $6x-2+\frac{6}{3x+1}$ j) $4x^2+2x+7-\frac{3}{x-3}$

18 a) $\frac{12ab^2c(c-4d)}{18a^2bc^2(c-4d)}=\mathbf{\frac{2b}{3ac}}$

$\frac{6x+8y}{30x+40y}=\mathbf{\frac{1}{5}}$

$\frac{m^2-10m+25}{m-5}=\mathbf{m-5}$

b) $\frac{-3a}{4b}=\mathbf{\frac{-4{,}5a}{6b}}$

$\frac{2x+3y}{-4x}=\frac{\mathbf{-12x^2y-18xy^2}}{24x^2y}$

$\frac{7a(x+y)}{-4b}=\frac{\mathbf{-10{,}5a^2b(x^2-y^2)}}{6ab^2(x-y)}$

19 a) $\frac{3b}{4}$; $4xy$; $4mn$ b) $\frac{9}{5}a^3b^2$; $\frac{2x^3}{45zy}$; $\frac{x+y}{2}$

c) $\frac{x+y}{x-y}$; $3ab$; $\frac{3x+5y}{3x-5y}$ d) –; $\frac{y}{b}$; $a+4$

e) $z+2$; $\frac{a^2+ab+b^2}{a+b}$; $\frac{(a-b)^2-c^2}{a^2-(b+c)^2}=\frac{\cancel{[(a-b)-c]}\cdot[(a-b)+c]}{\cancel{[a-(b+c)]}\cdot[a+(b+c)]}=\frac{a-b+c}{a+b+c}$

20 a) $9a$; $12a^2$; $36xy$ b) $27x$; $9a^4b$; $3xy(x+y)$

c) $4a^2-16b^2$; $-14x^2+2xy$; $3(a-3)^2$ d) $(3x-y)\cdot(-4a)(6x+11y^2)$; $4y+20$; $5c(2c-b)$

Seite 22

21

a) $\frac{a-5b}{2a} + \frac{2a-3b}{4a} = \mathbf{\frac{4a-13b}{4a}}$ b) $\frac{a-5b}{2a} - \frac{2a-3b}{4a} = \mathbf{-\frac{7b}{4a}}$

c) $\frac{a-5b}{2a} \cdot \frac{2a-3b}{4a} = \mathbf{\frac{2a^2-13ab+15b^2}{8a^2}}$ d) $\frac{a-5b}{2a} : \frac{2a-3b}{4a} = \mathbf{\frac{2a-10}{2a-3b}}$

e) $\frac{a}{b} : \frac{a-1}{b^2} - \frac{2ab}{a-1} = \mathbf{\frac{-ab}{a-1}} = \mathbf{\frac{ab}{1-a}}$ f) $\frac{a}{b} : (\frac{a-1}{b^2} - \frac{2ab}{a-1}) = \mathbf{\frac{ab(a-1)}{(a-1)^2-2ab^3}}$

22

a) $\frac{a^2+a+1}{a^3}$; $\frac{a}{2a-1}$; $\frac{1+a}{a}$ b) $\frac{a(a+b)}{b(a-b)}$; $\frac{a^2+3a+1}{a+1}$; $\frac{-1}{d(d-1)} = \frac{1}{d(1-d)}$

c) $\frac{d^3-d^2-2}{(d+1)(d^2+1)}$; $\frac{-4d^2-5d}{d^2-1}$; $\frac{16}{d-4}$ d) $\frac{3d^2-2de-e^2}{(e-d)^2}$; $\frac{-7}{d(d^2-1)}$; $-p^2+p$

e) $\frac{2a-1}{a}$; $\frac{5(p-r)}{18(p+r)}$; $\frac{(p+r)^3}{(p-r)(p^2+r^2)}$ f) $\frac{17(5p-r)}{11r}$; 2; $\frac{2(3q-s)}{q-s}$

g) $\frac{q}{(q+1)^2}$; $\frac{o(q+s)}{t(t-o)}$; $ab-b^2$ h) $\frac{5a+2a^2}{2a+4}$; $-a-b$; $\frac{a^2+5a-10}{-4+2a}$

23

a) $V = \frac{1}{3} A_G \cdot h$ $\mathbf{A_G = \frac{3V}{h}}$ $\mathbf{h = \frac{3V}{A_G}}$

b) $A_O = 2\pi r^2 + 2\pi rh$ $\mathbf{h = \frac{A_O - 2\pi r^2}{2\pi r}}$

c) $y = \frac{g}{2\vartheta_0^2} \cdot x^2$ $\vartheta_0 = \sqrt{\frac{g}{2y}x^2} = x\sqrt{\frac{g}{2y}}$ $(x > 0)$

24

a) $a = \frac{2A}{b}$ $b = \frac{2A}{a}$; $e = \sqrt{2A}$; $a = \frac{u}{2} - c$ $c = \frac{u}{2} - a$

b) $\alpha = \frac{A_\alpha \cdot 360°}{\pi \cdot r^2}$ $r = \sqrt{\frac{A_\alpha \cdot 360°}{\pi \cdot \alpha}}$; $h = \frac{4V}{a^2\sqrt{3}}$ $a = 2\sqrt{\frac{V}{\sqrt{3} \cdot h}}$; $r = \sqrt[3]{\frac{3V}{4\pi}}$

c) $h = r - \sqrt{r^2 - R^2}$; $r = \frac{R^2+h^2}{2h}$; $a = \sqrt{e^2-b^2-c^2}$; $b = \sqrt{e^2-a^2-c^2}$; $c = \sqrt{e^2-a^2-b^2}$; $x_1 = 2x_M - x_2$ $x_2 = 2x_M - x_1$

d) $a = \sqrt[b]{c}$ $b = \log_a c$; $W = \frac{p \cdot G}{100}$ $p = \frac{W \cdot 100}{G}$; $G = \frac{W \cdot 100}{p}$; $K_o = \frac{K_n}{q^n}$ $n = \frac{\lg\left(\frac{K_n}{K_o}\right)}{\lg q} = \frac{\lg K_n - \lg K_o}{\lg q}$ $q = \sqrt[n]{\frac{K_n}{K_o}}$

e) $b = \frac{\frac{A_O}{2} - ac}{a+c}$ $b = \frac{A_O - 2ac}{2(a+c)}$ $a = \frac{\frac{A_O}{2} - bc}{b+c}$ $a = \frac{A_O - 2bc}{2(b+c)}$; $c = \frac{\frac{A_O}{2} - ab}{a+b}$; $c = \frac{A_O - 2ab}{2(a+b)}$

$I = \frac{U}{R}$ $R = \frac{U}{I}$; $c = \frac{W}{m(T_2 - T_1)}$; $m = \frac{W}{c(T_2 - T_1)}$ $T_1 = -\left(\frac{W}{c \cdot m} - T_2\right)$ $T_2 = \frac{W}{c \cdot m} + T_1$

f) $f = \frac{bg}{g+b}$ $b = \frac{gf}{g-f}$ $g = \frac{bf}{b-f}$; $m = \frac{2E}{v^2}$ $v = \sqrt{\frac{2E}{m}}$; $m_1 = \frac{F \cdot r^2}{\gamma \cdot m_2}$ $m_2 = \frac{F \cdot r^2}{\gamma \cdot m_1}$ $r = \sqrt{\frac{\gamma \cdot m_1 \cdot m_2}{F}}$

g) $L = \frac{T^2}{4\pi^2 C}$ $\quad C = \frac{T^2}{4\pi^2 L}$; $\quad R_1 = \frac{RR_2}{R_2 - R}$ $\quad R_2 = \frac{RR_1}{R_1 - R}$; $\quad x_1 = x_T(1+\lambda) - \lambda x_2$

$$x_2 = \frac{x_T(1+\lambda) - x_1}{\lambda}$$

$$\lambda = \frac{x_1 - x_T}{x_T - x_2}$$

h) $m_1 = \frac{m_2 - \tan\alpha}{1 + m_2 \tan\alpha}$ $\quad m_2 = \frac{m_1 + \tan\alpha}{1 - m_1 \tan\alpha}$; $\quad l = \frac{T^2 \cdot g}{4\pi^2}$ $\quad g = \frac{l \cdot 4\pi^2}{T^2}$; $\quad r = \frac{V}{\pi h^2} + \frac{h}{3}$

Funktionen

Funktionsbegriff

Seite 23

1 a) ja b) ja c) nein d) ja
e) nein f) nein g) ja h) ja

2 a) $y = 2x$; Funktion b) $y = \frac{x^2}{2}$; Funktion c) –; Funktion
d) keine Funktion e) $y = (-x)^2 = x^2$; Funktion f) $y = 2x$, falls x ungerade; Funktion
$y = \frac{1}{2}x$, falls x gerade; Funktion
g) $y = \pi$; Funktion h) keine Funktion i) keine Funktion

3

x \ $f_i(x)$	$f_1(x) = \frac{1}{2}x$	$f_2(x) = 3x + 2$	$f_3(x) = x^2$	$f_4(x) = \frac{1}{2}x^2 + 2x$	$f_5(x) = \sqrt{3x}$
2	**1**	**8**	**4**	**6**	$\sqrt{6}$
$\frac{1}{4}$	$\frac{1}{8}$	$\frac{11}{4}$	$\frac{1}{16}$	$\frac{17}{32}$	$\frac{1}{2}\sqrt{3}$
0,4	**0,2**	**3,2**	**0,16**	**0,88**	$\sqrt{1{,}2} = 2\sqrt{0{,}3}$
a	$\frac{a}{2}$	$3a + 2$	a^2	$\frac{1}{2}a^2 + 2a$	$\sqrt{3a}$
2a	a	$6a + 2$	$4a^2$	$2a^2 + 4a$	$\sqrt{6a}$
a + 1	$\frac{a+1}{2}$	$3a + 5$	$a^2 + 2a + 1$	$\frac{1}{2}a^2 + 3a + 2{,}5$	$\sqrt{3(a+1)}$
2a − 3	$\frac{2a-3}{2}$	$6a - 7$	$4a^2 - 12a + 9$	$2a^2 - 2a - 1{,}5$	$\sqrt{3(2a-3)}$
a − b	$\frac{a-b}{2}$	$3a - 3b + 2$	$a^2 - 2ab + b^2$	$\frac{1}{2}(a^2 + b^2) + 2(a - b) - ab$	$\sqrt{3(a-b)}$
a^2	$\frac{a^2}{2}$	$3a^2 + 2$	a^4	$\frac{1}{2}a^4 + 2a^2$	$a\sqrt{3}$

Lineare Funktionen

Seite 24

1 a)

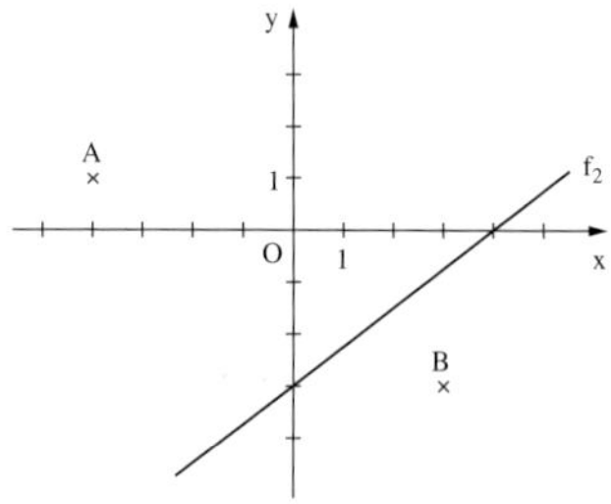

b) $f(1) = -3 \cdot (1) + 2 = -1$
$f(-1) = -3 \cdot (-1) + 2 = 5$
$f(0,5) = 0,5$
$f(1,5) = -2,5$
$f(2) = -4$

c) $0 = -3x + 2$ $\quad$ $1 = -3x + 2$
$3x = 2$ $\quad$ $3x = 1$
$x = \frac{2}{3}$ $\quad$ $x = \frac{1}{3}$
$2 = -3x + 2$ $\quad$ $-1 = -3x + 2$
$x = 0$ $\quad$ $x = 1$
$-2 = -3x + 2 \Rightarrow x = \frac{4}{3}$

d) $f_2(x) = \frac{3}{4}x - 3$

e) $f_3(x) = -\frac{4}{7}x - \frac{9}{7}$

2

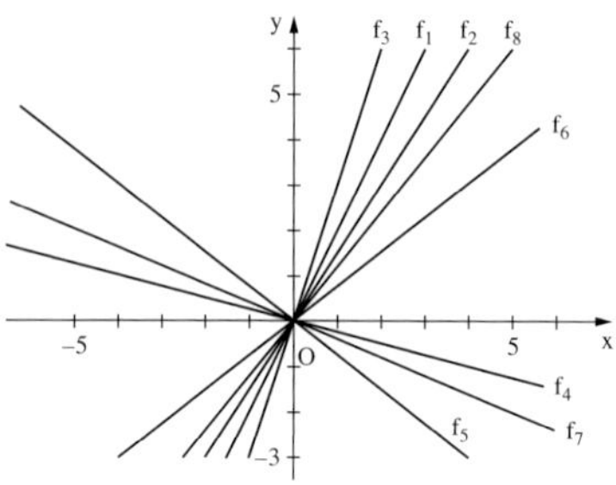

3

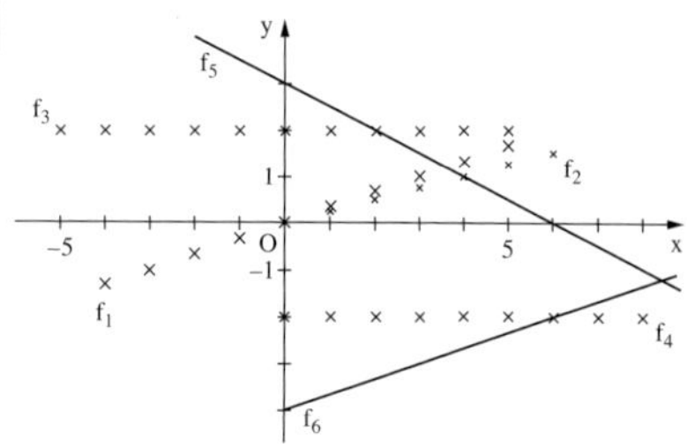

4 a)

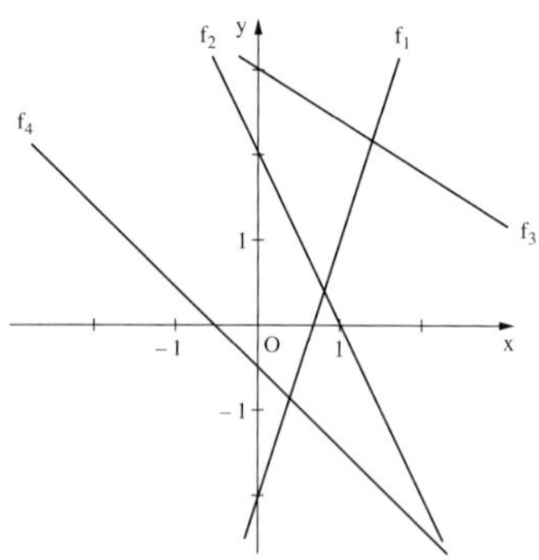

b)

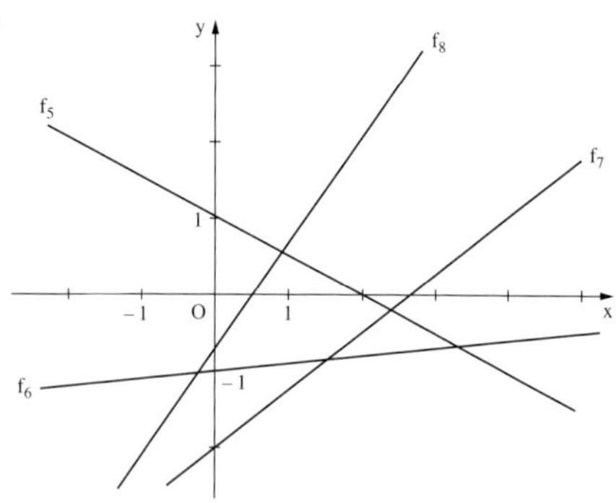

5 $f_1(x) = -\frac{1}{4}x + 2$ $\quad$ $f_2(x) = -\frac{1}{4}x + \frac{3}{4}$ $\quad$ $f_3(x) = -\frac{1}{4}x - 4$

$f_4(x) = -\frac{1}{4}x - \frac{11}{4}$ $\quad$ $f_5(x) = -\frac{1}{4}x + \frac{9}{2}$ $\quad$ $f_6(x) = -\frac{1}{4}x + \frac{5}{4}$

6 $y_1 = 2x + 3$ $\quad$ $y_2 = 2x + 1$ $\quad$ $y_3 = 2x - 2$ $\quad$ $y_4 = 2x + 2$ $\quad$ $y_5 = 2x - 0,3$ $\quad$ $y_6 = 2x + \frac{1}{2}$

7 a) g_1: $y = \frac{1}{4}x + \frac{7}{4}$

b) g_2: $y = \frac{1}{4}x - \frac{3}{4}$

c) g_3: $y = \frac{1}{4}x + \frac{3}{8}$

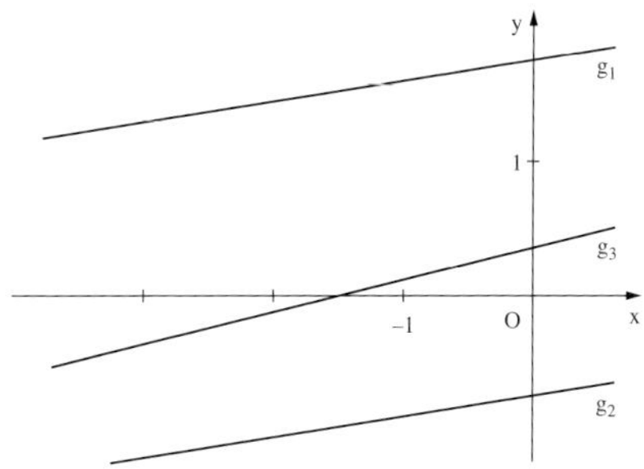

8 P_x: $0 = \frac{3}{4}x - 1$ $\quad P_y\ (0; -1)$

$x = \frac{4}{3}$

$P_x\ (\frac{4}{3}; 0)$

Bei Spiegelung

– an der x-Achse: $y = -\frac{3}{4}x + 1$

– an der y-Achse: $y = -\frac{3}{4}x - 1$

– an P_x oder an P_y: $y = \frac{3}{4}x - 1$

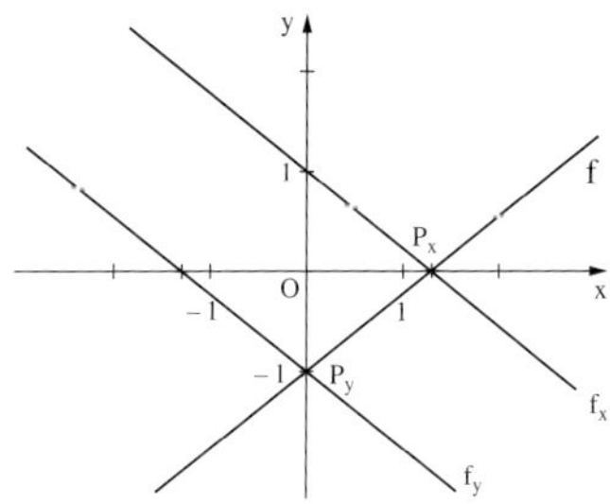

Seite 25

9 a) $0 = \frac{1}{2}x + 4$
$x = -8$

b) $0 = x - 3$
$x = 3$

c) $0 = 3x + 4$
$x = -\frac{4}{3}$

d) $0 = -3x + 9$
$x = 3$

e) –

f) $0 = -2x - 3$
$x = -1{,}5$

g) $0 = -\frac{1}{4}x + \frac{3}{4}$
$x = 3$

h) $\Rightarrow 0 = x_1 - 3$ (falls $x \geq 0$),
also $x_1 = 3$

$\Rightarrow 0 = -x_2 - 3$ (falls $x < 0$),
also $x_2 = -3$

10 a)

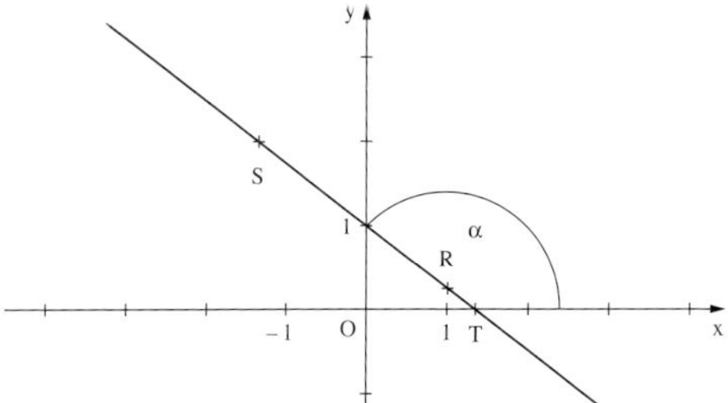

(Darstellungsintervall verkleinert)

b) $P_y\ (0; 1)$, $x_0 = \frac{4}{3}$

c) $\tan\alpha = -\frac{3}{4} \rightarrow \alpha \approx 143°$

d) $y_R = -\frac{3}{4} \cdot 1 + 1 = \frac{1}{4}$ $\quad R\left(1; \frac{1}{4}\right)$

$2 = -\frac{3}{4} \cdot x_S + 1$

$x_S = -\frac{3}{4}$ $\quad S\left(-\frac{4}{3}; 2\right)$

$0 = -\frac{3}{4} \cdot x_T + 1$ $\quad T\left(\frac{4}{3}; 0\right)$

$x_T = \frac{3}{4}$

11 a) $f(x) = -2x - 1$
$g(x) = -\frac{4}{5}x + 2$
$h(x) = x - 2{,}5$

b) $f(x) = 2x + 2$
$g(x) = 2x$
$h(x) = 2x - 2$

c) $f(x) = 2$
$g(x) = -\frac{1}{4}x - \frac{1}{4}$
h – keine Funktion; $x = 2$

d) $f(x) = \frac{1}{2}x + 1$
$g(x) = 3x - 3$
$h(x) = -\frac{5}{2}x - 3$

e) $f(x) = -\frac{3}{2}x + 7{,}5$
$g(x) = -x - 10$
$h(x) = -\frac{1}{2}x$

f) $f(x) = -\frac{15}{8}x + 7{,}5$
$g(x) = -\frac{5}{4}x - 10$
$h(x) = -\frac{5}{8}x$

12 a) $(x) = y = \frac{9}{5}x - 2{,}5$

b) $0 = \frac{9}{5}x_0 - 2{,}5$
$\frac{5}{2} = \frac{9}{5}x_0$
$x_0 = \frac{5}{2} \cdot \frac{5}{9} = \frac{25}{18} \approx 1{,}39$

c) $P_x\left(\frac{25}{18}; 0\right)$
$P_y\ (0; -2{,}5)$

d) nebenstehende Zeichnung

e) $y = \frac{9}{5}x + 1$

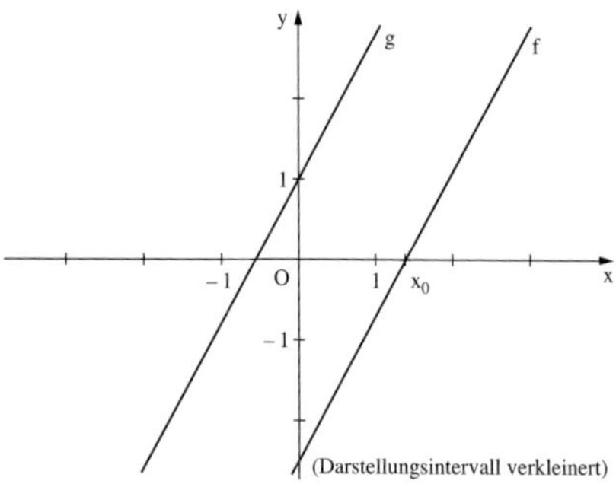

Seite 26

13 a) $f_1(x) = \frac{1}{2}x + 1$ b) $f_2(x) = 3x - 3$ c) $f_3(x) = -\frac{1}{2}x - 3$
d) $f_4(x) = \frac{1}{3}x + \frac{7}{3}$ e) $f_5(x) = x - 2{,}5$ f) $f_6(x) = x$
g) $f_7(x) = 4$ h) $f_8(x) = 2x + 2$ i) $f_9(x) = 2x + 2$

14 a) schneiden einander b) parallel zueinander c) parallel zueinander d) schneiden einander

Quadratische Funktionen

1 a) gestreckte Normalparabel, nach unten geöffnet, Scheitel aus dem Ursprung verschoben

b) $-2x^2 + 12x - 16 = 0$
$x^2 - 6x + 8 = 0$
$x_{1;2} = 3 \pm \sqrt{9 - 8}$ $x_{01} = 4$ $x_{02} = 2$

c) $-2x^2 + 12x - 16 = -2\,(x^2 - 6x + 8)$
$= -2\,[(x^2 - 6x + 9) - 9 + 8]$
$= -2\,[(x - 3)^2 - 1] = -2\,(x - 3)^2 + 2$
$= f(x)$ $S(3; 2)$

d)

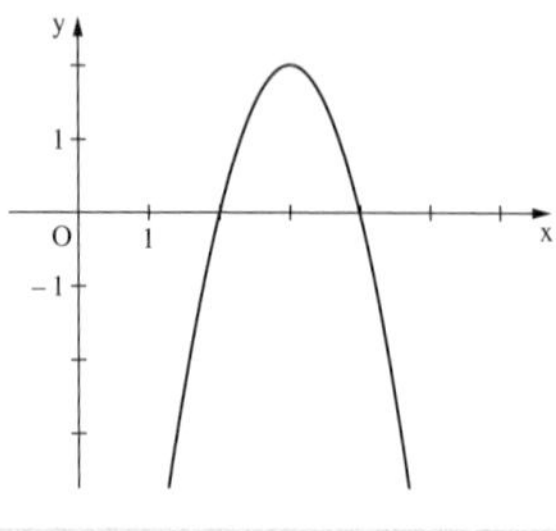

e) P_y: $f(0) = -16$ $P_y(0; -16)$

2 a) $f(x) = x^2 + 4x + 3$; $S(-2; -1)$ b) $g(x) = x^2 + 6x + 7$; $S(-3; -2)$ c) $h(x) = x^2 - 2x + 1{,}5$; $S(1; 0{,}5)$

d) $k(x) = x^2 - 4x + 1$; $S(2; -3)$ e) $p(x) = x^2 - 2x - 2$; $S(1; -3)$ f) $s(x) = x^2 - 6x + 8$; $S(3; -1)$

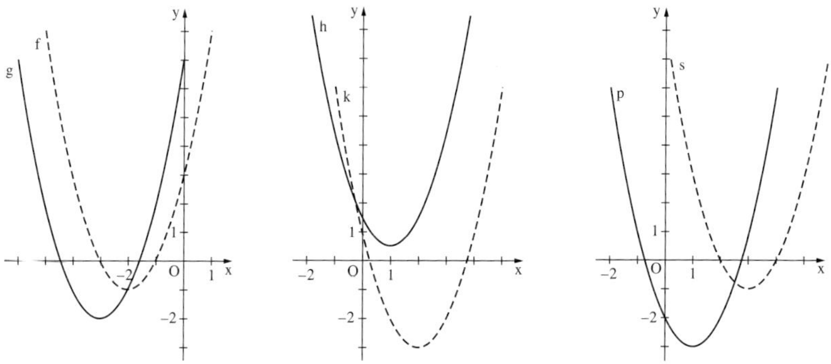

3

$f_i(x)$ \ x	0	−1	−2	1	2
$f_1(x) = 4x^2 - 3$	**−3**	**1**	**13**	**1**	**13**
$f_2(x) = 2x^2 + x - 1$	**−1**	**0**	**5**	**2**	**9**
$f_3(x) = (x + 3)^2 - 2$	**7**	**2**	**−1**	**14**	**23**
$f_4(x) = (x - 2)^2$	**4**	**9**	**16**	**1**	**0**
$f_5(x) = -2x^2 - x + 3$	**3**	**2**	**−3**	**0**	**−7**
$f_6(x) = \frac{1}{2}x^2 - \frac{1}{2}x + \frac{1}{2}$	**0,5**	**1,5**	**3,5**	**0,5**	**1,5**

Seite 27

4

Scheitelpunkt	Gleichung in Scheitelpunktsform	Gleichung in Normalform
$S_1(3; 4)$	**$f_1(x) = (x - 3)^2 + 4$**	**$f_1(x) = x^2 - 6x + 13$**
$S_2(2; 0)$	**$f_2(x) = (x - 2)^2$**	$f_2(x) = x^2 - 4x + 4$
$S_3(0; 4)$	$f_3(x) = x^2 + 4$	**$f_3(x) = x^2 + 4$**
$S_4(1; 1)$	**$f_4(x) = (x - 1)^2 + 1$**	$f_4(x) = x^2 - 2x + 2$
$S_5(4; 5)$	$f_5(x) = (x - 4)^2 + 5$	**$f_5(x) = x^2 - 8x + 21$**
$S_6(-3; 4)$	**$f_6(x) = (x + 3)^2 + 4$**	**$f_6(x) = x^2 + 6x + 13$**
$S_7(-1; -2)$	**$f_7(x) = (x + 1)^2 - 2$**	**$f_7(x) = x^2 + 2x - 1$**
$S_8(-7; 8)$	**$f_8(x) = (x + 7)^2 + 8$**	**$f_8(x) = x^2 + 14x + 57$**
$S_9(-1{,}5; 0)$	$f_9(x) = (x + 1{,}5)^2$	**$f_9(x) = x^2 + 3x + 2{,}25$**
$S_{10}(0; 0)$	**$f_{10}(x) = x^2$**	**$f_{10}(x) = x^2$**
$S_{11}(0; -8)$	**$f_{11}(x) = x^2 - 8$**	**$f_{11}(x) = x^2 - 8$**
$S_{12}(-3; 0)$	**$f_{12}(x) = (x + 3)^2$**	**$f_{12}(x) = x^2 + 6x + 9$**

5

a) $f_1(x) = (x+1)^2 + 2$
$= x^2 + 2x + 3$

b) $f_2(x) = 2\,(x+1)^2 + 3$
$= 2x^2 + 4x + 5$

c) $f_3(x) = -(x-1)^2 + 1$
$= -x^2 + 2x$

d) $f_4(x) = x^2$

e) $f_5(x) = -3\cdot(x+4)^2 + 5$
$= -3x^2 - 24x - 43$

f) $f_6(x) = 0{,}2\cdot(x+3{,}5)^2 + 2{,}4$
$= \frac{1}{5}x^2 + \frac{7}{5}x + \frac{97}{20}$
$= 0{,}2x^2 + 1{,}4x + 4{,}85$

6

	Funktion	Scheitel	Symmetrieachse
a)	$f_1(x) = x^2 - 6 + 8 = x^2 + 2$	$S_1(0;\,2)$	$x = 0$ (y-Achse)
b)	$f_2(x) = x^2 + 3x + \frac{9}{4} = \left(x + \frac{3}{2}\right)^2$	$S_2\left(-\frac{3}{2};\,0\right)$	$x = -\frac{3}{2}$
c)	$f_3(x) = 1{,}5x^2 + 6x + 3 = 1{,}5\cdot(x^2 + 4x + 2)$ $= 1{,}5\cdot(x^2 + 4x + 4 - 4 + 2)$ $= 1{,}5\cdot[(x+2)^2 - 2] = 1{,}5\cdot(x+2)^2 - 3$	$S_3(-2;\,-3)$	$x = -2$
d)	$f_4(x) = 0{,}5x^2 - 2x + 3 = 0{,}5\,(x^2 - 4x + 6)$ $= 0{,}5\,[(x^2 - 4x + 4) - 4 + 6]$ $= 0{,}5\,[(x-2)^2 + 2] = 0{,}5\,(x-2)^2 + 1$	$S_4(2;\,1)$	$x = 2$
e)	$f_5(x) = -x^2 - 4x - 2{,}5 = -(x^2 + 4x + 2{,}5)$ $= -(x^2 + 4x + 4 - 4 + 2{,}5)$ $= -[(x+2)^2 - 1{,}5] = -(x+2)^2 + 1{,}5$	$S_5(-2;\,1{,}5)$	$x = -2$
f)	$f_6(x) = -3x^2 + 6$	$S_6(0;\,6)$	$x = 0$ (y-Achse)

7

$f_1(x) = (x-2)^2 - 1{,}5$ $\quad f_2(x) = x^2$ $\quad f_3(x) = 2x^2$

$f_4(x) = -(x-2)^2 + 2{,}5$ $\quad f_5(x) = (x+2)^2 - 1{,}5$ $\quad f_6(x) = -1{,}5\,(x+3)^2 + 1{,}5$

Seite 28

8

a) Normalparabel mit S(0; 0), nach unten geöffnet

b) Normalparabel mit S(0; 2), nach unten geöffnet

c) Normalparabel mit S(0; –2), nach unten geöffnet

d) gestauchte Normalparabel mit S(0; –3), nach oben geöffnet

e) gestreckte Normalparabel, nach oben geöffnet, S nicht auf einer Achse

f) gestreckte Normalparabel, nach unten geöffnet, S nicht auf einer Achse

g) gestreckte Normalparabel, nach oben geöffnet, S(–1; 0)

h) Normalparabel mit S(1; 0), nach unten geöffnet

i) gestauchte Normalparabel mit S(0; –0,5), nach oben geöffnet

9

g_i \ f_i	$f_1(x) = x^2$	$f_2(x) = 2x - 1$	$f_3(x) = -x + 2$
$g_1(x) = -x^2$	$\mathbf{S_1(0;\,0)}$	$\mathbf{S_4(-2{,}4;\,-5{,}8)}$ $\mathbf{S_5(0{,}4;\,-0{,}2)}$	–
$g_2(x) = -x^2 + 2$	$\mathbf{S_1(-1;\,1)}$ $\mathbf{S_3(1;\,1)}$	$\mathbf{S_6(-3;\,-7)}$ $\mathbf{S_7(1;\,1)}$	$\mathbf{S_{10}(0;\,2)}$ $\mathbf{S_{11}(1;\,1)}$
$g_3(x) = \frac{1}{2}x^2 - 1$	–	$\mathbf{S_8(0;\,-1)}$ $\mathbf{S_9(4;\,7)}$	$\mathbf{S_{12}(-3{,}6;\,5{,}6)}$ $\mathbf{S_{13}(1{,}6;\,0{,}4)}$

(abgelesene Koordinaten)

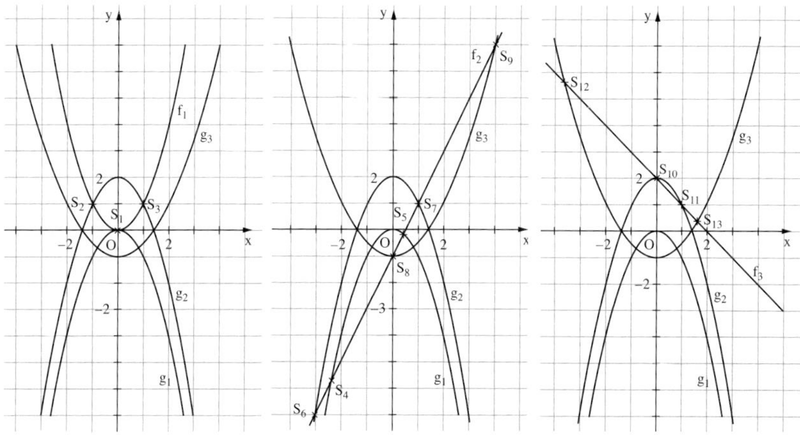

10

x	–1	0	1	2	3
f(x)	**–0,15**	**1**	**1,65**	**1,8**	**1,45**

x	4	1,5	2,5	–2	5
f(x)	**0,6**	**1,79**	**1,69**	**–1,8**	**–0,75**

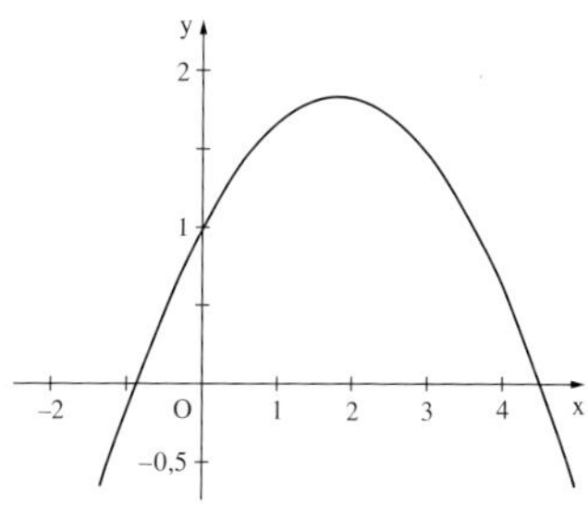

11 a) $S_1(0;3)$
$f_1(x) = x^2 + 3$
keine Nullstelle

b) $S_2(1;-2)$
$f_2(x) = x^2 - 2x - 1$
zwei Nullstellen

c) $S_3(3;0)$
$f_3(x) = x^2 - 6x + 9$
eine Nullstelle

d) $S_4(0;-1)$
$f_4(x) = x^2 - 1$
zwei Nullstellen

e) keine quadratische Funktion mit diesen Eigenschaften möglich

12 a) $x_1 = 3;\ x_2 = -4$

b) $x_1 = 7;\ x_2 = -2$

c) $x_1 = -3;\ x_2 = -4$

d) keine Nullstelle

e) $x_{1;2} = \pm 3$

f) keine Nullstelle

g) keine Nullstelle

h) $4x^2 + 32x - 8 = 0;\ x_1 = -4 + \sqrt{18} = -4 + 3\sqrt{2} \approx 0{,}24$
$x^2 + 8x - 2 = 0;\ x_2 = -4 - \sqrt{18} = -4 - 3\sqrt{2} \approx -8{,}24$

i) $x_1 = -3{,}5;\ \ x_2 = 1{,}5$

j) $x_1 = -1;\ \ x_2 = 2$

Exponential- und Logarithmusfunktionen

Seite 29

1 a)

x	−2	−1	−0,5	0	0,5	1	2	2,3
f(x)	**0,25**	**0,5**	$\frac{1}{2}\sqrt{2}$	**1**	$\sqrt{2}$	**2**	**4**	**4,92**

Spiegelung:

x_S	0,25	0,5	$\frac{1}{2}\sqrt{2}$	1
y_S	**−2**	**−1**	**−0,5**	**0**

x_S	$\sqrt{2}$	2	4	4,92
y_S	**0,5**	**1**	**2**	**2,3**

b)

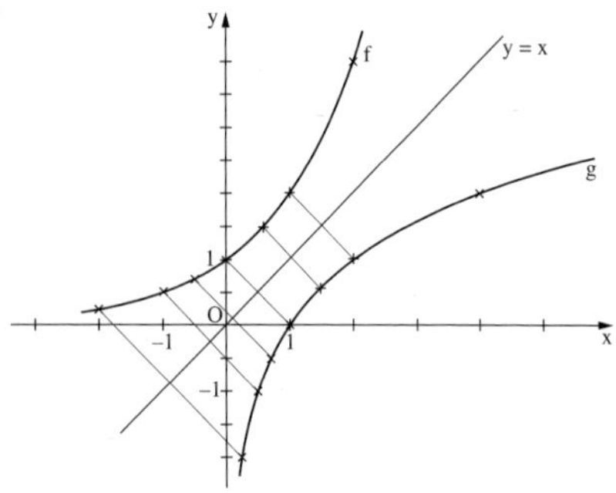

c) $g(x) = \log_2 x$

2 a)

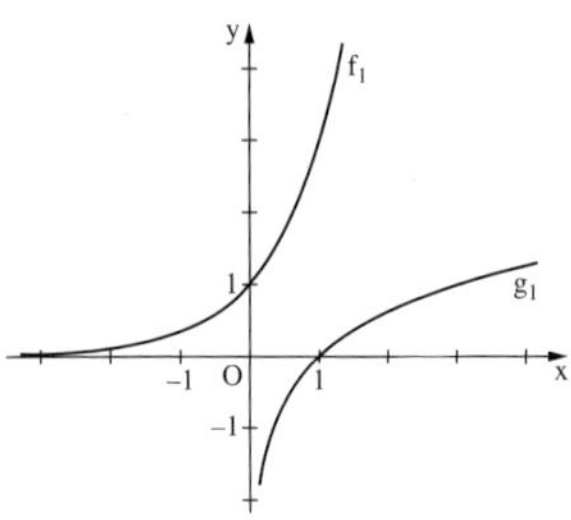

b)

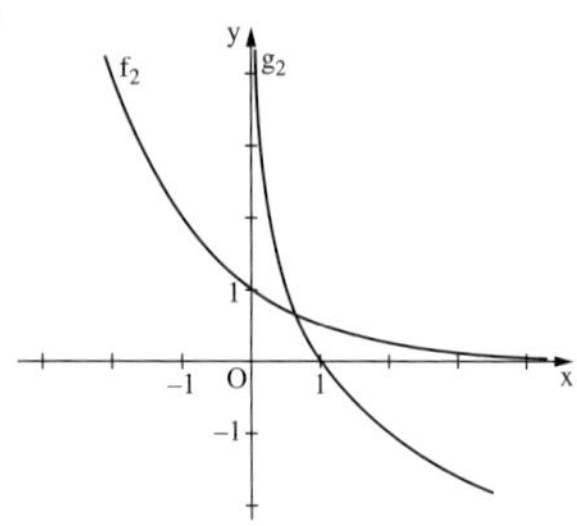

c)

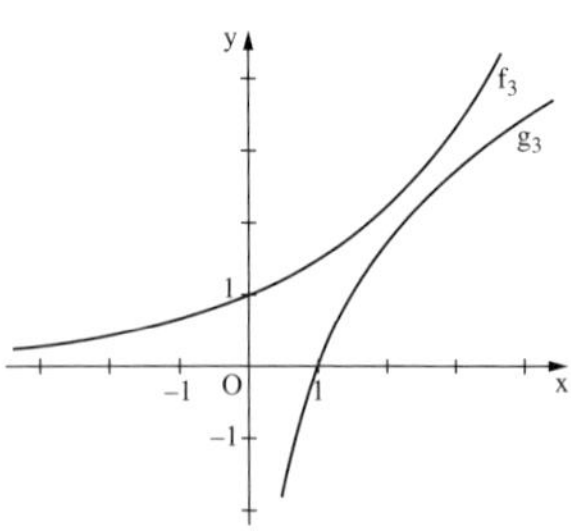

d)

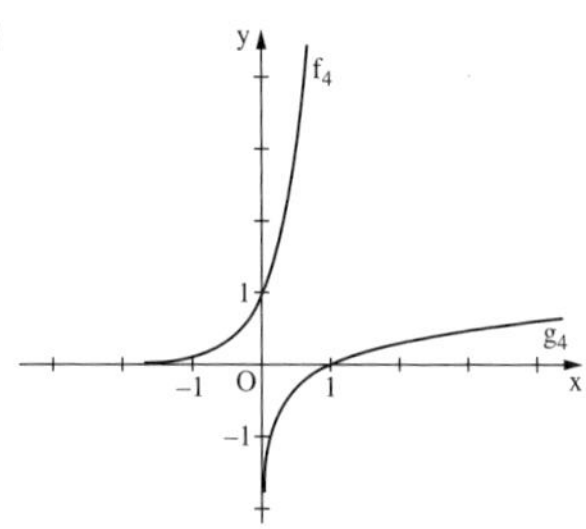

3 a) $f_1(x) = 2^x$ b) $f_2(x) = 3^x$ c) $f_3(x) = 2^x$ d) $f_4(x) = \left(\frac{1}{4}\right)^x$ e) $f_5(x) = 4^x$

f) $f_6(x) = a^x$, $a \in \mathbb{R}^+$ g) s. Fußnote h) $f_8(x) = 10^x$ i) $a^3 = 5$, $a = \sqrt[3]{5} \approx 1{,}71$, $f_9(x) = (\sqrt[3]{5})^x$ j) s. Fußnote

[1)] Der vorgegebene Punkt genügt keiner Gleichung einer Exponentialfunktion $y = a^x$. Lässt man dagegen auch Spiegelungen zu, erhält man $f_7(x) = -5^x$ bzw. $f_{10}(x) = -3^x$.

4 a) $a^{2x} = (a^x)^2$ Er wird quadriert. b) $a^{x+1} = a \cdot a^x$ Er wird mit a multipliziert.

c) $a^{\frac{1}{2}x} = \sqrt{a^x}$ Es wird die Wurzel aus $f(x_0)$ gezogen. d) $a^{4x_0} = (a^x)^4$ Er wird mit 4 potenziert.

5

x	2	4	1	−2	−1	8	16
f(x)	3	**9**	$\sqrt{3}$	$\frac{1}{3}$	$\frac{1}{3}\sqrt{3}$	**81**	**6561**

6 a) 46,765; 1,414; 0,064; 156,993 b) 13,885; 1,584; 1,262; 0,792

c) n.def.; 2,146; 2,93; 2,807 d) 1,465; ± 2; 2187; 3,26

7 a) $g_1(x) = \sqrt[3]{10^x}$ b) $g_2(x) = 2^x$ c) $g_3(x) = \sqrt{3^x}$

d) $g_4(x) = 10^x + 1$ e) $g_5(x) = \log_2 (x + 1)$ f) $g_6(x) = \log_{\frac{1}{2}} x - 1$

8 $g_1 \cong g_5$; g_1 um 1 LE in x-Richtung verschoben ergibt g_5. $g_1 \cong g_9$; g_1 an y-Achse gespiegelt ergibt g_9.

$g_1 \cong g_7$; g_1 an Gerade y = x gespiegelt ergibt g_5. $g_2 \cong g_3$; g_2 an y-Achse gespiegelt ergibt g_3.

$g_1 \cong g_8$; g_1 an x-Achse gespiegelt ergibt g_8.

Seite 30

9 $f_1(x) = 2^x$ $f_2(x) = 2^x - 1$ $f_3(x) = 2^{x-1}$ $f_4(x) = \left(\frac{2}{3}\right)^x$ $f_5(x) = -2^x$

Winkelfunktionen

1

Winkel α im Gradmaß	0°	30°	60°	**90°**	135°	**150°**	210°	270°	**330°**	360°
Winkel α im Bogenmaß (arc α)	**0**	$\frac{\pi}{6}$	$\frac{\pi}{3}$	$\frac{\pi}{2}$	$\frac{3}{4}\pi$	$\frac{5}{6}\pi$	$\frac{7}{6}\pi$	$\frac{3}{2}\pi$	$\frac{11}{6}\pi$	**2π**

Winkel α im Gradmaß	**180°**	720°	−360°	**57,3°**	25°	**114,6°**	**171,89°**	**343,77°**	10°	1°	−120°
Winkel α im Bogenmaß (arc α)	π	**4π**	**2π**	1	**0,436**	2	3	6	**0,1745**	**0,01745**	$-\frac{2}{3}\pi$

2 a) $7 \cdot 360° + 132° \Rightarrow \beta_1 = 132°$ (2,304) b) $4 \cdot 360° + 132° \Rightarrow \beta_2 = 132°$ (2,304)

c) $10 \cdot 360° + 320° \Rightarrow \beta_3 = 320°$ (5,585) d) $1 \cdot 360° + 116° \Rightarrow \beta_4 = 116°$ (2,024)

e) $7 \cdot 360° + 210° \Rightarrow \beta_5 = 210°$ ($3{,}665 \approx \frac{7}{6}\pi$) f) $1 \cdot 360° + 218° \Rightarrow \beta_6 = 218°$ (3,805)

3

	30°	−45°	120°	−120°	240°	−300°	405°
sin x	$\frac{1}{2}$	$-\frac{1}{2}\sqrt{2}$	$\frac{1}{2}\sqrt{3}$	$-\frac{1}{2}\sqrt{3}$	$-\frac{1}{2}\sqrt{3}$	$\frac{1}{2}\sqrt{3}$	$\frac{1}{2}\sqrt{2}$
cos x	$\frac{1}{2}\sqrt{3}$	$\frac{1}{2}\sqrt{2}$	$-\frac{1}{2}$	$-\frac{1}{2}$	$-\frac{1}{2}$	$\frac{1}{2}$	$\frac{1}{2}\sqrt{2}$
tan x	$\frac{1}{3}\sqrt{3}$	**−1**	$-\sqrt{3}$	$\sqrt{3}$	$\sqrt{3}$	$\sqrt{3}$	**1**

4

f(x) \ x	2	**0,347**	$\frac{\pi}{3}$	**1,3734**
sin x für $x \in [0; 2\pi[$	**0,909**	0,34	$\frac{1}{2}\sqrt{3}$	**0,981**
cos x für $x \in [0; 2\pi[$	**–0,416**	**0,9404**	0,5	**0,196**
tan x für $x \in [0; \pi[$ und $x \neq \frac{\pi}{2}$	**–2,185**	**0,362**	$\sqrt{3}$	5

Seite 31

5 a) ① $x_1 = \frac{3}{2}\pi$ | $x_1 = \frac{1}{3}\pi; x_2 = \frac{5}{3}\pi$ | $x_1 = \frac{1}{3}\pi; x_2 = \frac{2}{3}\pi$ | $x_1 = \frac{5}{6}\pi; x_2 = \frac{7}{6}\pi$

② $x_1 = \frac{\pi}{4}; x_2 = -\frac{7}{4}\pi$ | $x_1 = 0$ | $x_1 = \pi; x_2 = 0$ | keine Lösung

③ $x_1 = \frac{\pi}{2}; x_2 = \frac{3}{2}\pi$ | $x_1 = \frac{7}{6}\pi; x_2 = \frac{11}{6}\pi$ | $x_1 = \frac{4}{3}\pi; x_2 = \frac{5}{3}\pi$ | $x_1 = \frac{3}{4}\pi; x_2 = \frac{5}{4}\pi$

b) jeweils: $x_{1/2} + 2k\pi, k \in \mathbb{Z}$

6

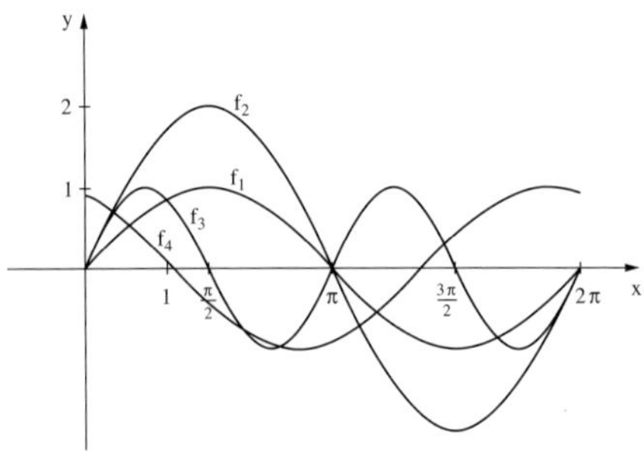

7 a) $a_1 = 3{,}2$ $b_1 = \frac{1}{2}$ b) $a_2 = 2\pi$ $b_2 = \pi$ c) $a_3 = 0{,}75$ $b_3 = 2$

d) $a_4 = 3{,}5$ $b_4 = 3$ e) $a_5 = 0{,}1$ $b_5 = \frac{4}{3}$ f) $a_6 = -2$ $b_6 = \frac{1}{3}$

8 a) $\tan x = \frac{\sin x}{\cos x}$; $x_1 = \frac{\pi}{6}$ $x_2 = \frac{5}{6}\pi$ b) $\tan x = 1 \Leftrightarrow x_1 = \frac{\pi}{4}$ $x_2 = \frac{5}{4}\pi$ c) $\sin x = u$; $x_1 = \frac{\pi}{6}$ $x_2 = \frac{5}{6}\pi$

d) $x_1 = 0{,}6747$
$x_2 = \pi - 0{,}6747 = 2{,}4668$
$x_3 = \pi + 0{,}6747 = 3{,}8163$
$x_4 = 2\pi - 0{,}6747 = 5{,}6085$

e) $x_1 = 0{,}6435$ $x_2 = 3{,}7850$ f) $L = \emptyset$

g) $x_1 = \frac{\pi}{9}$ $x_2 = \frac{4}{9}\pi$ $x_3 = \frac{7}{9}\pi$
$x_4 = \frac{10}{9}\pi$ $x_5 = \frac{13}{9}\pi$ $x_6 = \frac{16}{9}\pi$

h) $x_1 = \pi$

i) $x_1 = \frac{2}{9}\pi$ $x_2 = \frac{4}{9}\pi$

Seite 32

9

①	sin	cos	tan	
α	$\sin\alpha = \frac{e}{f}$	**$\cos\alpha = \frac{g}{f}$**	**$\tan\alpha = \frac{e}{g}$**	Hypotenuse: $\overline{EG} = f$
β	**$\sin\beta = \frac{g}{f}$**	**$\cos\beta = \frac{e}{f}$**	**$\tan\beta = \frac{g}{e}$**	Satz des Pythagoras: **$f^2 = e^2 + g^2$**

②	sin	cos	tan	
γ	$\mathbf{\sin\gamma = \frac{r}{t}}$	$\mathbf{\cos\gamma = \frac{s}{t}}$	$\mathbf{\tan\gamma = \frac{r}{s}}$	Hypotenuse: **t**
ϕ	$\mathbf{\sin\phi = \frac{s}{t}}$	$\mathbf{\cos\phi = \frac{r}{t}}$	$\mathbf{\tan\phi = \frac{s}{r}}$	Satz des Pythagoras: $\mathbf{t^2 = r^2 + s^2}$

③	sin	cos	tan	Kathetensatz: $\mathbf{a^2 = qc \quad b^2 = pc}$
α	$\mathbf{\sin\alpha = \frac{b}{c} = \frac{h}{a}}$	$\mathbf{\cos\alpha = \frac{a}{c} = \frac{q}{a}}$	$\mathbf{\tan\alpha = \frac{b}{a} = \frac{h}{q}}$	Höhe $h = \mathbf{\sqrt{pq}}$ $= \mathbf{\sqrt{b^2 - p^2} = \ldots}$
β	$\mathbf{\sin\beta = \frac{a}{c} = \frac{h}{b}}$	$\mathbf{\cos\beta = \frac{b}{c} = \frac{p}{b}}$	$\mathbf{\tan\beta = \frac{a}{b} = \frac{h}{p}}$	Satz des Pythagoras: $a^2 = h^2 + q^2$ $\mathbf{b^2 = h^2 + p^2}$ $\mathbf{c^2 = a^2 + b^2}$

④	sin	cos	tan	
τ	$\mathbf{\sin\tau = \frac{\lvert\overline{AC}\rvert}{\lvert\overline{AB}\rvert}}$	$\mathbf{\cos\tau = \frac{\lvert\overline{BC}\rvert}{\lvert\overline{AB}\rvert}}$	$\mathbf{\tan\tau = \frac{\lvert\overline{AC}\rvert}{\lvert\overline{BC}\rvert}}$	Hypotenuse: $\mathbf{\overline{AB}}$
δ	$\mathbf{\sin\delta = \frac{\lvert\overline{BC}\rvert}{\lvert\overline{AB}\rvert}}$	$\mathbf{\cos\delta = \frac{\lvert\overline{AC}\rvert}{\lvert\overline{AB}\rvert}}$	$\mathbf{\tan\delta = \frac{\lvert\overline{BC}\rvert}{\lvert\overline{AC}\rvert}}$	Satz des Pythagoras: $\lvert\mathbf{\overline{AB}}\rvert^2 = \lvert\mathbf{\overline{AC}}\rvert^2 + \lvert\mathbf{\overline{BC}}\rvert^2$

⑤	sin	cos	tan	
λ	$\mathbf{\sin\lambda = \frac{z}{x}}$	$\mathbf{\cos\lambda = \frac{y}{x}}$	$\mathbf{\tan\lambda = \frac{z}{y}}$	Hypotenuse: **x**
μ	$\mathbf{\sin\mu = \frac{y}{x}}$	$\mathbf{\cos\mu = \frac{z}{x}}$	$\mathbf{\tan\mu = \frac{y}{z}}$	Satz des Pythagoras: $\mathbf{x^2 = y^2 + z^2}$

⑥	sin	cos	tan	
α	$\mathbf{\sin\alpha = \frac{f}{d}}$	$\mathbf{\cos\alpha = \frac{e}{d}}$	$\mathbf{\tan\alpha = \frac{f}{e}}$	Hypotenuse: **d**
β	$\mathbf{\sin\beta = \frac{e}{d}}$	$\mathbf{\cos\beta = \frac{f}{d}}$	$\mathbf{\tan\beta = \frac{e}{f}}$	Satz des Pythagoras: $\mathbf{d^2 = e^2 + f^2}$

10 a) $\delta = 180° - \phi - \mu$

$\frac{f}{d} = \frac{\sin\phi}{\sin\delta} \Rightarrow f = \frac{d \cdot \sin\phi}{\sin\delta}$

$\frac{m}{d} = \frac{\sin\mu}{\sin\delta} \Rightarrow m = \frac{d \cdot \sin\mu}{\sin\delta}$ (oder Kosinussatz)

b) $\frac{m}{f} = \frac{\sin\mu}{\sin\phi} \Rightarrow \sin\mu = \frac{m \cdot \sin\phi}{f} \Rightarrow \mu$

$\delta = 180° - \phi - \mu$

$\frac{d}{m} = \frac{\sin\delta}{\sin\mu} \Rightarrow d = \frac{m \cdot \sin\delta}{\sin\mu}$

(unter Umständen 2 Lösungen; nur eindeutig für f > m)

c) $f = \sqrt{m^2 + d^2 - 2md\cos\phi}$

$\frac{d}{f} = \frac{\sin\delta}{\sin\phi} \Rightarrow \sin\delta = \frac{d \cdot \sin\phi}{f} \Rightarrow \delta$

$\mu = 180° - \phi - \delta$

d) $f^2 = m^2 + d^2 - 2md\cos\phi \Rightarrow \cos\phi = \frac{f^2 - m^2 - d^2}{-2md} \Rightarrow \phi$

$\frac{\sin\mu}{\sin\phi} = \frac{m}{f} \Rightarrow \sin\mu = \frac{m \cdot \sin\phi}{f} \Rightarrow \mu$

$\delta = 180° - \phi - \mu$

Gleichungen, Ungleichungen und Gleichungssysteme

Seite 33

1 a)
$$6x-(11-5x)=-2\cdot(3x-37)$$
$$6x-11+5x=-6x+74$$
$$11x+6x=74+11$$
$$17x=85$$
$$x=5$$
Also gilt: $L=\{5\}$

Zur Vereinfachung verzichten wir im Allgemeinen auf die Angabe der Lösungsmenge und geben nur die einfachste Form der Gleichung (hier also $x = 5$) an bzw. zählen die zur Lösungsmenge gehörenden Elemente auf ($x_1 = \ldots, x_2 = \ldots$)

Probe:

	linke Seite:	rechte Seite:
	$6\cdot5-(11-5\cdot5)$	$-2\cdot(3\cdot5-37)$
	$=30-(11-25)$	$=-2\,(15-37)$
	$=30+14=44$	$=(-2)\cdot(-22)=44$
Vergleich:	$44=44$	

(Auf die Angabe der Probe wird nachfolgend im Allgemeinen verzichtet.)

b)
$$3x-2b+5=7a$$
$$3x=7a+2b-5$$
$$x=\frac{7a+2b-5}{3}$$

c)
$$4ax-2c=5$$
$$4ax=2c+5$$
$$x=\frac{2c+5}{4a}=\frac{c}{2a}+\frac{5}{4a}$$

d)
$$5x-2bx=10-4b$$
$$x(5-2b)=10-4b$$
$$x=\frac{10-4b}{5-2b}$$
$$x=\frac{2(5-2b)}{5-2b}$$
$$x=2$$

e)
$$2ax+3bx=5-2c+x$$
$$2ax+3bx-x=5-2c$$
$$x(2a+3b-1)=5-2c$$
$$x=\frac{5-2c}{2a+3b-1}$$

2 a) $x=5$; $x=36$ b) $x=2$; $x=12$ c) $x=\frac{11}{16}$; $z=3$

d) $n=3{,}5$; $r=2$ e) $s=5$; $t=6$ f) $y=125$; $x=3{,}5$

g) $L=\mathbb{R}$; $x=20$ h) $x=9$; $s=-3$ i) $r=-20$; $c=-\frac{2}{75}=-0{,}0\overline{26}$

j) $m=2$; $t=-18$ k) $x=-\frac{1}{4}$; $x=\frac{73}{14}$

3 a) $x=\frac{-3a+4t+3}{5}$ b) $x=\frac{2r+3}{6}=\frac{1}{3}r+\frac{1}{2}$ c) n.l. d) $x=\frac{3y+7}{2}$

4 a) $x=\frac{4c+7}{5b}$ b) $x=\frac{12b+5}{4b}=3+\frac{5}{4b}$ c) $x=\frac{6+13c}{3r}$ d) $x=\frac{a-11}{a}=1-\frac{11}{a}$

5 a) $x=\frac{13b}{2-5b}$ b) $x=\frac{15-10r}{3-2r}=5$ c) $x=\frac{2s-5}{s-(2,5)}=2$ d) $x=-\frac{1}{3d+2}$

6 a) $x=\frac{4-7t}{3r+6s-1}$ b) $x=\frac{10a-6s}{5a-3s}=2$ c) $x=\frac{2}{5r+7s-3b}$ d) $x=\frac{13}{1{,}3a+2{,}6b-52}=\frac{10}{a+2b-40}$

Seite 34

7 a)
$$\frac{8}{5x} - \frac{7\cdot\cancel{14}}{{}_5\cancel{10}x} = \frac{1}{5}$$
$$\frac{8-7}{5x} = \frac{x}{5x}$$
$$x = 1 \qquad L = \{1\}$$

b)
$$\frac{3x}{x(x+14)} = \frac{x+4}{x(x+4)}$$
$$3x = x + 4$$
$$x = 2 \qquad L = \{2\}$$

c)
$$\frac{3x}{x(x+14)} = \frac{x+4}{x(x+4)}$$
$$4 = 2x$$
$$x = 2 \qquad L = \emptyset$$
(Aufgabenterme sind für x = 2 nicht definiert.)

d)
$$\frac{x(x-2)+2(x-1)}{(x-1)(x-2)} = \frac{x-2+x(x-1)}{(x-1)(x-2)}$$
$$x^2 - 2x + 2x - 2 = x - 2 + x^2 - x$$
$$-2 = -2 \qquad L = \{x \mid x \in \mathbb{R}\}$$

8 a) $L = \{1\}$ $\quad L = \{5\}$ $\quad L = \{1\}$

b) $L = \{2\}$ $\quad L = \left\{\frac{1}{12}\right\}$ $\quad L = \{2\}$

c) $L = \{16\}$ $\quad L = \{7{,}5\}$ $\quad L = \{10\}$

d) $L = \{11\}$ $\quad L = \left\{\frac{7}{5}\right\}$ $\quad L = \{\emptyset\}$

e) $L = \{\emptyset\}$ $\quad L = \{2\}$ $\quad L = \{35\}$

f) $L = \left\{\frac{2}{7}\right\}$ $\quad L = \left\{-\frac{3}{5}\right\}$ $\quad L = \{x \mid x \in \mathbb{R}\}$

9 a)
$$\frac{a+b}{x} = c$$
$$a + b = cx$$
$$x = \frac{a+b}{c} \qquad \text{für } c \neq 0$$
$\Rightarrow$ ① $L = \emptyset$
② $L = \left\{\frac{a+b}{c}\right\}$
③ $L = \mathbb{R} \setminus \{0\}$
④ $L = \emptyset$

b)
$$\frac{(x+a)^2 - (x-a)^2}{(x-a)(x+a)} = \frac{8a^2}{(x-a)(x+a)}$$
$$x^2 + 2ax + a^2 - x^2 + 2ax - a^2 = 8a^2$$
$$4ax = 8a^2$$
$$x = \frac{8a^2}{4a} = 2a$$
$\Rightarrow$ ① $L = \{2a\}$
② $L = \mathbb{R} \setminus \{0\}$

10 a) für $c \neq 0 \wedge a = b$ $\quad L = \emptyset$
für $c \neq 0 \wedge b \neq a$ $\quad L = \left\{\frac{a-b}{c}\right\}$
für $c = 0 \wedge a = b$ $\quad L = \mathbb{R}\setminus\{0\}$
für $c = 0 \wedge a \neq b$ $\quad L = \emptyset$

b) für $a = b$ $\quad L = \mathbb{R}\setminus\{0\}$
für $a \neq b$ $\quad L = \{1\}$

c) für $c = 0 \wedge a = 0$ $\quad L = \mathbb{R}\setminus\{0\}$
für $c = 0 \wedge a \neq 0$ $\quad L = \emptyset$
für $c \neq 0 \wedge a = 0$ $\quad L = \emptyset$
für $c \neq 0 \wedge a \neq 0$ $\quad L = \left\{\frac{a}{bc}\right\}$

d) für $a = -b$ $\quad L = \emptyset$
für $a \neq -b$ $\quad L = \left\{\frac{2ab}{a+b}\right\}$

e) für $a = 0$ $\quad L = \emptyset$
für $a \neq 0$ $\quad L = \{a \cdot b\}$

f) für $b = -a$ $\quad L = \emptyset$
für $b \neq a$ $\quad L = \left\{\frac{ab}{a+b}\right\}$

g) für $c = 0$ $\quad L = \emptyset$
für $c \neq 0$ $\quad L = \left\{\frac{c+1}{c}\right\}$

h) für $d = 2$ $\quad L = \emptyset$
für $d \neq 2$ $\quad L = \left\{\frac{d^2}{d-2}\right\}$

i) für $a = 1$ $\quad L = \emptyset$
für $a \neq 1$ $\quad L = \left\{\frac{1}{3(a-1)}\right\}$

j) für $a = \frac{4}{3}$ $\quad L = \emptyset$
für $a \neq \frac{4}{3}$ $\quad L = \left\{\frac{9a-14}{3a-4}\right\}$

k) für $a = \frac{1}{5}$ $\quad L = \emptyset$
für $a \neq \frac{1}{5}$ $\quad L = \left\{\frac{-30a+9}{10a-2}\right\}$

l) $L = \left\{\frac{4}{3}\right\}$

11 a) $x = \frac{2a-3}{2a-2}$ b) $x = \frac{9-15a}{5a-1}$ c) $x = \frac{a+4}{2a+7}$ d) $x = \frac{12(a+3)}{5(1-8a^2-24a)}$

12 a) $x = \frac{-a^2-a+2}{a^2+4a-2}$ b) $x = 2a$ c) $x = -\frac{a}{2}$ d) $x = \frac{-a-2}{2a+1}$

Seite 35

13 $|3x-4| = 7x+5$

Fall I: $3x-4 \geq 0$, also $x \geq \frac{4}{3}$

$\Rightarrow |3x-4| = 3x-4$

$3x-4 = 7x+5$

$-4x = 9$

$x_1 = -\frac{9}{4}$

Fall II: $3x-4 < 0$, also $x < \frac{4}{3}$

$\Rightarrow |3x-4| = -(3x-4)$

$-3x+4 = 7x+5$

$-10x = 1$

$x_2 = -\frac{1}{10}$ $\left(< \frac{4}{3}\right)$

Probe I: Die Probe mit der „Lösung" $x_1 = -\frac{9}{4}$ führt zu einem Widerspruch.
(auch: x_1 ist keine Lösung, da $x_1 \ngeq \frac{4}{3}$)

Probe II: $\left|3 \cdot \left(-\frac{1}{10}\right) - 4\right|$ $7 \cdot \left(-\frac{1}{10}\right) + 5$

$= |-4{,}3|$ $= 4{,}3$

$4{,}3 = 4{,}3$

$\Rightarrow L = \left\{-\frac{1}{10}\right\}$

14 a) $L = \left\{\frac{5}{3}; -\frac{1}{13}\right\}$ b) $L = \emptyset$ c) $L = \{1\}$ d) $L = \left\{\frac{9}{7}\right\}$ e) $L = \left\{0; \frac{1}{4}\right\}$
f) $L = \emptyset$ g) $L = \{0; 3\}$ h) $L = \left\{\frac{1}{2}\right\}$ i) $L = \{1{,}25\}$

15 a) $-2x-4 < 2 \quad |+4$
$-2x < 6 \quad |:(-2)$
$x > -3$, also: $L = \{x \mid x > -3$ und $x \in \mathbb{N}$ bzw. $\mathbb{Z}, \mathbb{Q}_+, \mathbb{R}\}$

$L \subseteq \mathbb{N}$
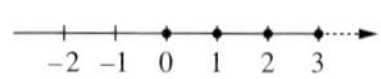

$L \subseteq \mathbb{Z}$

$L \subseteq \mathbb{R}$
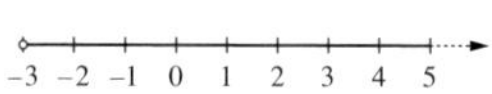

$L \subseteq \mathbb{Q}_+$
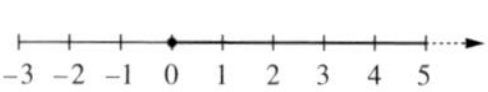

b) $8x-4 < 5x+2 \quad |-5x$
$3x-4 < 2 \quad |+4$
$3x < 6 \quad |:3$
$x < 2$, also: $L = \{x \mid x < 2$ und $x \in \mathbb{N}$ bzw. $\mathbb{Z}, \mathbb{Q}_+, \mathbb{R}\}$

$L \subseteq \mathbb{N}$
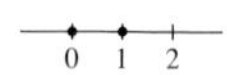

$L \subseteq \mathbb{Z}$
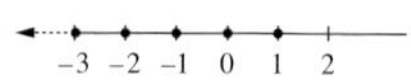

$L \subseteq \mathbb{R}$
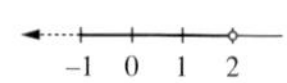

$L \subseteq \mathbb{Q}_+$
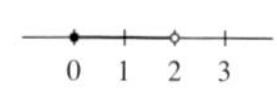

16 a) $x \geq -3$ b) $x < 5$ c) $x \geq -1{,}3$ d) $x < -9$ e) $x > -8$ f) $x > 1$
g) $x < 20$ h) $x < \frac{1}{2}$ i) $x > 1$ j) $x > -\frac{19}{2}$ k) $x \leq 1$ l) $x < -\frac{20}{3}$

17 a) $x \in \{0; 1; 2; \ldots; 7\}$ b) $x = 0$ c) $x \in \{1; 2; 3; \ldots\}$
d) $x \in \{0; 1; 2; 3; \ldots\}$ e) $x \in \{0; 1; \ldots; 14\}$ f) $x \in \{0; 1\}$
g) $x \in \{0; 1; 2; \ldots; 6\}$ h) $x = 0$ i) $x \in \{0; 1; 2\}$

18 a) ja b) ja c) nein d) ja

19 a) $L =]-1; 3[\cup [3; 7[=]-1; 7[$ b) $L =]-4; 1[$

c) $L = \mathbb{R} \setminus]0; \frac{4}{3}[$ d) nicht lösbar, da der Betrag nicht negativ sein kann

20 Fall 1: $x - 1 > 0$, d.h. $x > 1$
Dann gilt: $6 < x - 1$
$x > 7$
Aus $x > 1$ und $x > 7$ folgt: $x > 7$

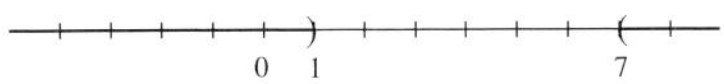

Fall 2: $x - 1 < 0$, d. h. $x < 1$
Dann gilt: $6 > x - 1$
$x < 7$
Aus $x < 1$ und $x < 7$ folgt: $x < 1$

Also $L = \mathbb{R} \setminus [1; 7]$

Seite 36

21 a) $L = \mathbb{R} \setminus [0; 3]$ b) $L =]-1; 1[$ c) $L =]-2; 0[$

d) $L = \mathbb{R} \setminus [3; 3{,}5]$ e) $L = \mathbb{R} \setminus]-\infty; -1{,}5]$ bzw. $y > -1{,}5$ f) $L = \mathbb{R} \setminus [-\frac{1}{2}; \frac{13}{2}]$

g) $x \leq -\frac{2}{7}$ h) $L = \mathbb{R} \setminus [0; \frac{1}{3}[$ i) $L = [-\frac{15}{17}; 0[$

22 a) z. B. Gleichsetzungsmethode:
$3x + 1 = 4x - 4$ $\Rightarrow x = 5$; eingesetzt in (I): $y = 20$
$L = \{(x; y) \mid (5; 20)\}$

b) z. B. Einsetzungsmethode:
(II'): $2\left(-\frac{1}{2}x + 5\right) + 3x - 6 = -x + 10 + 3x - 6 = 2x + 4 = 0$
$\Rightarrow x = -2$; eingesetzt in (I): $y = -\frac{1}{2} \cdot (-2) + 5 = 6$
$L = \{(x; y) \mid (-2; 6)\}$

c) z. B. Additionsmethode:
(I'): $(-2) \cdot$ (I): $-8x + 6y = -14$
(II): $8x + y = \frac{7}{3}$
(I') + (II): $7y = -\frac{35}{3}$ $\Rightarrow y = -\frac{5}{3}$; eingesetzt in (II): $8x = \frac{7}{3} + \frac{5}{3} = 4$ $\Rightarrow x = \frac{1}{2}$
$L = \left\{(x; y) \mid \left(\frac{1}{2}; -\frac{5}{3}\right)\right\}$

23 a) $L = \{(x; y) \mid (2; 1)\}$ b) $L = \{(x; y) \mid (3; -1)\}$ c) $L = \left\{(x; y) \mid \left(\frac{40}{27}; \frac{161}{27}\right)\right\}$ d) $L = \left\{(x; y) \mid \left(\frac{32}{5}; \frac{1}{5}\right)\right\}$

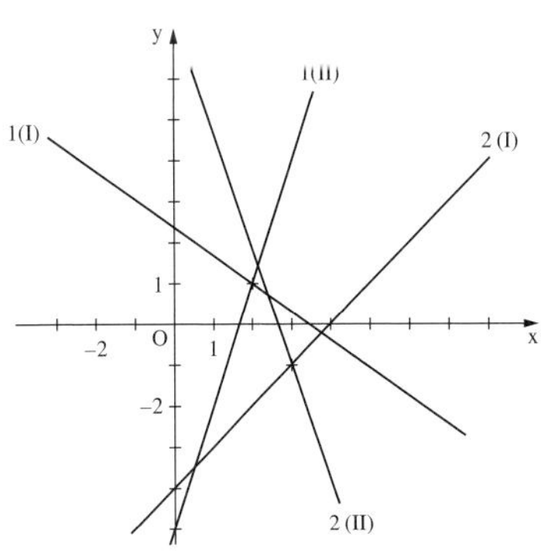

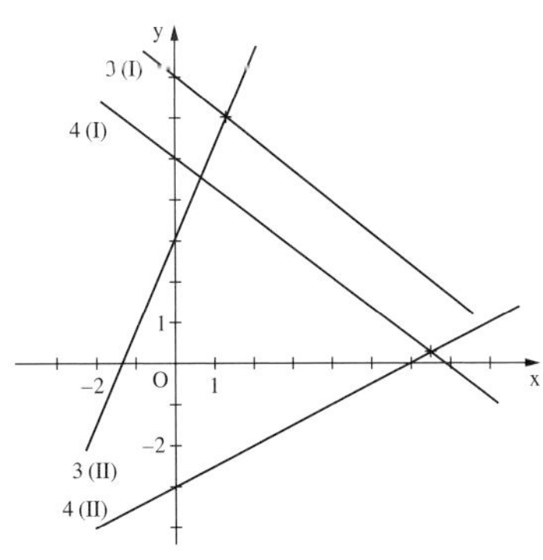

24
a) $L = \{(x; y) | (1{,}5; 1{,}5)\}$ b) $L = \{(x; y) | (4; 3)\}$ c) $L = \{(x; y) | (2; -0{,}5)\}$
d) $L = \{(x; y) | (-2; -3)\}$ e) $L = \{(x; y) | (1{,}5; 0{,}8)\}$ f) $L = \{(x; y) | (3; -4)\}$
g) $L = \{(x; y) | (1; -2)\}$ h) $L = \{(x; y) | (4; 2)\}$ i) $L = \{(x; y) | (2; -1)\}$
j) $L = \left\{(x; y) \,\middle|\, \left(-\frac{1}{2}; -3\right)\right\}$ k) $L = \emptyset$ l) $L = \left\{(x; y) \,\middle|\, \left(x; y = -\frac{3}{4}x + 3\right)\right\}$

25
a) $S(1; 12)$ b) $S(10; 47)$ c) $S\left(\frac{5}{6}; \frac{26}{3}\right)$ d) $S(-2; -8)$
e) $S\left(\frac{9}{4}; \frac{153}{4}\right)$ f) $S(3; 17)$ g) $S\left(\frac{6}{5}; \frac{6}{5}\right)$ h) $S(4; 90)$
i) kein Schnittpunkt j) kein Schnittpunkt k) alle Punkte gemeinsam l) $S(3; 0)$

26

$$\begin{aligned} x - 3y - 2z &= 3 \quad | \cdot(-3) \downarrow \; \cdot(-2) \downarrow \\ 3x + y - z &= 4 \\ 2x + 2y + z &= 7 \end{aligned}$$

$$\begin{aligned} x - 3y - 2z &= 3 \\ 10y + 5z &= -5 \quad \downarrow :5 \\ 8y + 5z &= 1 \quad \cdot(-1) \end{aligned}$$

$$\begin{aligned} x - 3y - 2z &= 3 \\ 2y + z &= -1 \\ 2y &= -6 \quad \Rightarrow y = -3 \end{aligned}$$

$$\begin{aligned} -6 + z &= -1 \quad \Rightarrow z = 5 \\ x + 9 - 10 &= 3 \quad \Rightarrow x = 4 \end{aligned}$$

$L = \{(x; y; z) | (4; -3; 5)\}$

Seite 37

27
a) $L = \{(15; 12; 10)\}$ b) $L = \{(5; 2; 10)\}$ c) $L = \emptyset$
d) $L = \{(x; y; z) | x \in \mathbb{R};\ y + z = 100 - x\}$ e) $L = \{(13; 15; 17)\}$ f) $L = \emptyset$
g) $L = \{(5; -1; -2)\}$ h) $L = \{(x; y; z) | x \in \mathbb{R};\ y + 2z = x + 3\}$ i) $L = \{(2; 3; 4)\}$
j) $L = \{(3; 5; 7)\}$ k) $L = \{(1; 2; 3)\}$ l) $L = \{(x; y; z) | x = 3;\ y \in \mathbb{R}; z = y + 2\}$

28
a) $x^2 - 9 = 0$
$x^2 = 9 \quad \Rightarrow x_{1;2} = \pm 3$

b) $x^2 + 3x = 0$
$x(x + 3) = 0 \quad \Rightarrow x_1 = 0 \quad x_2 + 3 = 0$
$\Rightarrow x_1 = 0 \quad x_2 = -3$

c) $x^2 - 5x + 6 = 0$
$x_{1;2} = \frac{5}{2} \pm \sqrt{\frac{25}{4} - \frac{24}{4}} = \frac{5}{2} \pm \frac{1}{2}$
$x_1 = 3 \quad x_2 = 2$
(auch Anwendung des Wurzelsatzes von Vieta möglich)

d) $3x^2 + x - \frac{1}{4} = 0$, also $x^2 + \frac{1}{3}x - \frac{1}{12} = 0$
$\Rightarrow x_{1;2} = -\frac{1}{6} \pm \sqrt{\frac{1+3}{36}} = -\frac{1}{6} \pm \frac{2}{6}$
$x_1 = -\frac{1}{2} \quad x_2 = \frac{1}{6}$

29
a) $x_{1;2} = \pm 16$ b) $x_{1;2} = \pm 18$ c) $x_{1;2} \approx \pm 5{,}7$ d) $x_{1;2} = \pm \frac{1}{2}$
e) $x_{1;2} = \pm 13$ f) $x_{1;2} = \pm 15$ g) $L = \emptyset$ h) $x_{1;2} = \pm 2{,}1$
i) $x_{1;2} = \pm 2$ j) $x_{1;2} = \pm 5$ k) $x_{1;2} = \pm \sqrt{0{,}6}$ l) $x_1 = 0; x_2 = 0{,}6$

m) $x(x-12)=0;\quad x_1=0;\quad x_2=12$

n) $5x(x-7)=0;\quad x_1=0;\quad x_2=7$

o) $8x(x-6)=0;\quad x_1=0;\quad x_2=6$

p) $(x-3)=\pm 1{,}4\quad x_1=4{,}4;\ x_2=1{,}6$

q) $(x+3)^2=0;\quad x_{1;2}=-3$

r) $(x+6)^2=0;\quad x_{1;2}=-6$

s) $(x-2)^2=0;\quad x_{1;2}=2$

t) $4(x+2)^2=0;\quad x_{1;2}=-2$

u) $(x-1)^2-1=15;\ (x-1)^2=16;\quad x_1=5;\quad x_2=-3$

30 a) $x_1=3\quad x_2=-4$ $\qquad x_1=9\quad x_2=-10$ $\qquad x^2+2x+\frac{5}{2}=0\Rightarrow$
$x_{1;2}=-1\pm\sqrt{1-\frac{5}{2}}\quad L=\emptyset$

b) $x_1=0{,}1\quad x_2=0{,}2$ $\qquad r_1=\frac{1}{4}\quad r_2=\frac{1}{2}$ $\qquad x_1=3{,}1\quad x_2=2{,}1$

c) $x^2+2x-\frac{5}{4}=0\Rightarrow$
$x_1=-2{,}5\quad x_2=0{,}5$ $\qquad x_1=3\quad x_2=37$ $\qquad x_1=5\quad x_2=12$

d) $x_1=\frac{3}{4}$ $\qquad L=\emptyset$ $\qquad k_1\approx 1{,}71\quad k_2\approx 0{,}29$

e) $s_1=3\quad s_2=5$ $\qquad s_1=\frac{11}{2}\quad s_2=-\frac{3}{7}$ $\qquad x_1=\frac{65}{91}\quad x_2=-\frac{63}{91}$

f) $x_1=5{,}3\quad x_2=1{,}5$ $\qquad x_1=2{,}5\quad x_2=-3$ $\qquad x=-2$

Seite 38

31

	S_1	S_2		S_1	S_2
$f_1(x)=x^2-3x+2$	**(1; 0)**	**(2; 0)**	$f_7(x)=x^2+5x-14$	**(−7; 0)**	**(2; 0)**
$f_2(x)=x^2-6x+9$	**(3; 0)**	–	$f_8(x)=x^2-1\,100\,x+100\,000$	**(100; 0)**	**(1000; 0)**
$f_3(x)=x^2+x-6$	**(−3; 0)**	**(2; 0)**	$f_9(x)=0{,}1x^2-4{,}1x+42$	**(20; 0)**	**(21; 0)**
$f_4(x)=8x^2-6x+1$	$\left(\frac{1}{4};0\right)$	$\left(\frac{1}{2};0\right)$	$f_{10}(x)=\frac{1}{5}x^2-\frac{17}{5}x-46$	**(23; 0)**	**(−10; 0)**
$f_5(x)=x^2+1{,}96$	–	–	$f_{11}(x)=x^2-2x-15$	**(5; 0)**	**(−3; 0)**
$f_6(x)=x^2-x-12$	**(−3; 0)**	**(4; 0)**	$f_{12}(x)=-x^2+\frac{1}{2}x-\frac{1}{16}$	$\left(\frac{1}{4};0\right)$	–

32 a) $x^2+2x-15=0\Rightarrow x_1=-5;\ x_2=3$
$x^2+2x-15=(x+5)(x-3)$

b) $2x^2+4x-30=2(x^2+2x-15)$
$x^2+2x-15=0\Rightarrow x_1=-5;\quad x_2=3$
$2x^2+4x-30=2(x+5)(x-3)$

33 a) $(x-3)(x+5)$ $\qquad$ b) $(x+2)(x-7)$ $\qquad$ c) $\left(y-\frac{1}{2}+\frac{1}{2}\sqrt{2}\right)\left(y-\frac{1}{2}-\frac{1}{2}\sqrt{2}\right)$

d) $(z+3)\left(z-\frac{1}{2}\right)$ $\qquad$ e) $3\cdot(x-2)\left(x+\frac{4}{3}\right)$ $\qquad$ f) $6\left(x+\frac{1}{2}\right)\left(x-\frac{1}{3}\right)$

g) $-7(x-3)\left(x-\frac{1}{7}\right)$ $\qquad$ h) $5\cdot[(y-1)(y-1)]$ $\qquad$ i) $-3\left(k-\frac{1}{3}\right)\left(k+\frac{1}{2}\right)$

34 a) $p=-7;\ q=12$ $\qquad$ b) $p=-1;\ q=0$ $\qquad$ c) $p=-1;\ q=-6$ $\qquad$ d) $p=-9;\ q=20$

e) $p=-1;\ q=-6$ $\qquad$ f) $p=1;\quad q=0$ $\qquad$ g) $p=-4;\ q=4$ $\qquad$ h) $p=5;\quad q=6$

35

x_1	x_2	f(x) =
–1	3	$\mathbf{x^2 - 2x - 3}$
4	–5	$\mathbf{x^2 + x - 20}$
3	2	$\mathbf{x^2 - 5x + 6}$
2	–2	$\mathbf{x^2 - 4}$
3	–4	$\mathbf{x^2 + x - 12}$

x_1	x_2	f(x) =
–1,5	2,8	$\mathbf{x^2 - 1{,}3x - 4{,}2}$
$\frac{4}{5}$	$\frac{3}{2}$	$\mathbf{x^2 - \frac{23}{10}x + \frac{6}{5}}$
$\frac{7}{8}$	$\frac{2}{5}$	$\mathbf{x^2 - \frac{51}{40}x + \frac{7}{20}}$
0,1	3	$\mathbf{x^2 - 3{,}1x + 0{,}3}$
$\sqrt{2} - \sqrt{3}$	$\sqrt{2} + \sqrt{3}$	$\mathbf{x^2 - 2\sqrt{2} - 1}$

36 a) $b = -4$ $x_2 = -3$ b) $b = 18$ $x_2 = -9$ c) $b = -1$ $x_2 = -\frac{1}{2}$

d) $b = 4$ $x_2 = -2$ e) $b = -2$ $x_2 = \frac{1}{2}$ f) $b = 5$ $x_2 = -\frac{3}{2}$

Seite 39

37

$x^4 - 5x^2 + 4 = 0;$ $x^2 = u$ $x = \pm\sqrt{u}$ (falls $u \geq 0$)

$u^2 - 5u + 4 = 0$

$u_{1;\,2} = +2{,}5 \pm \sqrt{6{,}25 - 4}$

$u_1 = +1$ $\Rightarrow x_1 = -1$ $\Rightarrow x_2 = 1$

$u_2 = +4$ $\Rightarrow x_3 = -2$ $\Rightarrow x_4 = 2$

38 a) $L = \{-\sqrt{3};\ \sqrt{3}\}$ b) $L = \{0; -1; 1; -2; 2\}$ c) $L = \{1{,}22; -1{,}22\}$

d) $L = \{0; -\sqrt{3}; \sqrt{3}\}$ e) $L = \{-\sqrt{2}; \sqrt{2}\}$ f) $L = \{1\}$

g) $\sin x = \frac{1}{2} \Rightarrow L = \left\{\frac{\pi}{6}\right\}$ h) $\sin x = \pm\frac{1}{2}\sqrt{2} \Rightarrow L = \left\{\frac{\pi}{4}; \frac{3\pi}{4}\right\}$ i) $\lg x_1 = 2 \Rightarrow L = \{100\}$

j) $\lg x_1 = -1 \Rightarrow L = \left\{\frac{1}{10}\right\}$ k) $\lg_4 x_1 = \frac{1}{2} \Rightarrow L = \{2\}$ l) $x_1 = 2;\ x_2 = -2$

39 a) $\sqrt{4x} = 6$

$4x = 36 \Rightarrow x = 9$ $\mathbf{L = \{9\}}$

b) $\sqrt{7x + 4} = \sqrt{31 - 2x}$

$7x + 4 = 31 - 2x$ (falls $31 > 2x$)

$9x = 27 \Rightarrow x = 3$ $\mathbf{L = \{3\}}$

c)

$$\sqrt{x + 1} = \sqrt{2x + 3} - 1$$

$$(x + 1) - 2\sqrt{(x + 1)(2x + 3)} + (2x + 3) = 1$$

$$3x + 3 = 2\sqrt{2x^2 + 5x + 3}$$

$\Rightarrow x^2 - 2x - 3 = 0$ $x_1 = 3;$ $x_2 = -1;$ nach Probe: $\mathbf{L = \{3; -1\}}$

d)

$$\sqrt{3x - 2} - 5 = -\sqrt{2x + 5}$$

$$\sqrt{3x - 2} + \sqrt{2x + 5} = 5$$

$$(3x - 2) + 2\sqrt{3x - 2} \cdot \sqrt{2x + 5} + (2x + 5) = 25 \quad \text{(falls } 3x - 2 > 0\text{)}$$

$$2\sqrt{(3x - 2)(2x + 5)} = 22 - 5x$$

$$4(6x^2 + 11x - 10) = (22 - 5x)^2 = 484 - 220x + 25x^2$$

$$x^2 - 264x + 524 = 0$$

$$x_{1;\,2} = 132 \pm \sqrt{132^2 - 524} = 132 \pm 130$$

$x_1 = 262;$ $x_2 = 2;$ nach Probe: $\mathbf{L = \{2\}}$

40 a) $L = \left\{-\frac{3}{7}\right\}$ b) $L = \left\{\frac{23}{2}\right\}$ c) $L = \{2\}$ d) $L = \{10\}$

e) $L = \{1; 3\}$ f) $L = \emptyset$ g) $L = \{9\}$ h) $L = \{16\}$

i) $L = \{3\}$ j) $L = \left\{-\frac{9}{4}\right\}$ k) $L = \emptyset$ l) $L = \emptyset$

41 a) 0,778 b) $\lg 2 - \lg 3 \approx -0{,}176$ c) 1,544

d) 1,778 e) 1,398 f) 1,431

g) $3 \cdot \lg 15 \approx 3{,}528$ h) $-0{,}574$ i) $\lg \frac{2}{5} \approx -0{,}398$

j) 0 k) 9,031 l) $-0{,}301$

m) $-0{,}699$ n) 1 o) 1,301

42 a) $\lg 12x^2$ b) $\lg \frac{2x}{6x} = \lg \frac{1}{3}$ c) $\lg \frac{x^2}{2x} = \lg \frac{x}{2}$

d) $\lg\left(8x^6 \cdot \frac{1}{4}x\right) = \lg 2x^7$ e) $\lg \frac{3^5x^5}{2x} = \lg \frac{3^5}{2}x^4$ f) $\lg \frac{(5x)^4}{25} = \lg 25x^4$

Seite 40

43 a) $x = 100$; $x = 0{,}001$; $x = 32$ b) $x = 216$; $x = \frac{1}{4}$; $x = 16$

c) $x = \frac{1}{9}$; $x = a$; $x = 10$ d) $x = -4$; $x = \frac{1}{4}$; $x = -2$

e) $x = 4$; $x = -5$; $x = 128$ f) $x = 81$; $x = 625$; $x = \frac{1}{128}$

g) $x = \frac{1}{2}\sqrt{2}$; $x = -3$; $x = \frac{1}{3}$ h) $x = 6$; $x = \frac{1}{3}$; $x = 27$

44 a) $x = 4{,}845$ b) $x = 2{,}513$ c) $x = 3{,}261$

d) $x = -0{,}594$ e) $x = -1{,}2016$ f) $x = 8{,}381$

45 a) $x_1 = 11$; $x_2 = -11$ b) $x_1 = 12{,}198$; $x_2 = -8{,}198$ c) $x = 1003$

d) $x = -312$ e) $x_1 = 0$; $x_2 = -4$ f) $x = 50{,}4$

g) $x = 125$ h) $x = \frac{a}{b}$ i) $x = b^3$

j) $x = \frac{\sqrt[3]{a}\,\sqrt{b}}{c} - \sqrt[6]{\frac{a^2b^3}{c^6}}$ k) $x = \frac{a^3 \cdot b^2}{c^4}$ l) $x = 2$

m) $x_1 = 10$ $(x_2 = -14 \notin L)$ n) $x_1 = 1$; $x_2 = 10$ o) $x = 3$

p) $x_1 = 10$ $(x_2 = -3 \notin L)$

46 a) $x = 1{,}771$; $x = 5{,}054$ b) $x = 4$; $x_1 = \frac{\lg 2}{\lg a}$ $x_2 = \frac{\lg 3}{\lg a}$

c) $x = 1{,}869$; $x = 0{,}596$ d) $x = 6{,}222$; $x = 4$

e) $L = \emptyset$; $x = 3$ f) $x = 3$; $x = \frac{3 \lg 2}{\lg 2 - \lg 3} \approx -5{,}13$

g) $x = 1$; $x_1 = 0$ $x_2 = \frac{\lg 2}{\lg 5} \approx 0{,}431$

Geometrische Berechnungen unter Anwendung bekannter Formeln und Sätze

Seite 41

1
a) $A = 16$ FE
b) $A = 18$ FE
c) $A = 15$ FE
d) $A = 12$ FE
e) $A = 16$ FE
f) $A = 21$ FE
g) $A = 4{,}5\pi$ FE $\approx 14{,}14$ FE
h) $A = 12\pi$ FE $\approx 37{,}7$ FE
i) $A = 2{,}5\pi + 24$ FE $\approx 31{,}85$ FE
j) $A = \left(14 - \frac{21}{8}\pi\right)$ FE $\approx 5{,}75$ FE
k) $A = 9$ FE
l) $A = 10$ FE
m) $A = 15$ FE
n) $A \approx 59{,}38$ FE
o) $A = 6$ FE

Seite 42

2
a) $A_O = 2(16\text{ cm}^2 + 10\text{ cm}^2 + 10\text{ cm}^2)$
$A_O = 72\text{ cm}^2$
$V = 16\text{ cm}^2 \cdot 2{,}5\text{ cm}$
$V = 40\text{ cm}^3$

b) $A_O = 2A_\triangle + A_{R1} + A_{R2} + A_{R3}$
$A_O = 16{,}5\text{ cm}^2 + 6\text{ cm}^2 + 11\text{ cm}^2 + 12{,}53\text{ cm}^2$
$A_O = 46{,}03\text{ cm}^2$
$V = \frac{1}{2}abc$
$V = 16{,}5\text{ cm}^3$

c) $A_O = 2A_D + 3A_R$
$A_O = 2 \cdot \frac{27}{4}\sqrt{3}\text{ cm}^2 + 3 \cdot 9 \cdot 3\text{ cm}^2$
$A_O \approx 104{,}38\text{ cm}^2$
$V = A_D \cdot h$
$V = \frac{27}{4}\sqrt{3}\text{ cm}^2 \cdot 3\sqrt{3}\text{ cm}$
$V = 60{,}75\text{ cm}^3$

d) $A_O = A_G + 4A_S$
$h_S = \sqrt{\left(\frac{a}{2}\right)^2 + h^2} \approx 7{,}43\text{ cm}$
$A_O \approx 25\text{ cm}^2 + 74{,}33\text{ cm}^2$
$A_O \approx 99{,}33\text{ cm}^2$
$V = \frac{1}{3}A_G \cdot h$
$V = 58{,}33\text{ cm}^3$

e) $A_O = A_G + 3 \cdot A_S$
$h_S = \sqrt{s^2 - \left(\frac{a}{2}\right)^2} \approx 48{,}54\text{ mm}$
$A_O \approx 249{,}41\text{ mm}^2 + 1747{,}39\text{ mm}^2$
$A_O \approx 1996{,}8\text{ mm}^2$
$V = \frac{1}{3}A_G \cdot h$
$h_G = \frac{a}{2}\sqrt{3} \approx 20{,}78\text{ mm}$
$h = \sqrt{s^2 - \left(\frac{2}{3}h_G\right)^2} \approx 48{,}04\text{ mm}$
$V = \frac{1}{3} \cdot 249{,}41\text{ mm}^2 \cdot 48{,}04\text{ mm}$
$V \approx 3994\text{ mm}^3$

f) $A_O = A_G + 6A_\triangle$
$h_S = \sqrt{h^2 + \left(\frac{a}{2}\sqrt{3}\right)^2} \approx 52{,}91\text{ cm}$
$A_O \approx 1039{,}23\text{ cm}^2 + 3174{,}9\text{ cm}^2$
$A_O \approx 4214{,}13\text{ cm}^2$
$V = \frac{1}{3}A_G \cdot h$
$V = 17320{,}5\text{ cm}^3$

g) $A_O = 4\pi r^2$
$A_O \approx 615{,}75\text{ cm}^2$
$V = \frac{4}{3}\pi r^3$
$V \approx 1436{,}76\text{ cm}^3$

h) $A_O = \pi r(r + s)$
$s = \sqrt{h^2 + r^2} \approx 3{,}35\text{ cm}$
$A_O \approx \pi \cdot 1{,}5\text{ cm} \cdot 4{,}85\text{ cm}$
$A_O \approx 22{,}86\text{ cm}^2$
$V = \frac{1}{3}A_G \cdot h$
$V \approx 7{,}07\text{ cm}^3$

i) $A_O = 2A_K + A_M$
$A_O \approx 12{,}32\ cm^2 + 650{,}94\ cm^2$
$A_O \approx 663{,}26\ cm^2$
$V = A_K \cdot h$
$V \approx 455{,}66\ cm^3$

j) $A_O = A_{HK} + A_M$
$A_M = \pi r \cdot s;\ s = 3{,}35\ cm$ (siehe h)
$A_M \approx 15{,}79\ cm^2$
$A_{HK} = 2\pi r^2 \approx 14{,}14\ cm^2$
$A_O \approx 29{,}93\ cm^2$
$V = V_{HK} + V_K = \frac{2}{3}\pi r^3 + \frac{1}{3}\pi r^2 \cdot 2r = \frac{4}{3}\pi r^3$
$V_K \approx 7{,}07\ cm^3$ (siehe h)
$V_{HK} = \frac{2}{3}\pi r^3 \approx 7{,}07\ cm^3$
$V \approx 14{,}14\ cm^3$

k) $A_O = a_1{}^2 + 2(a_1 + a_2)\,h_s + a_2{}^2$
$A_O(h_S) = 36 + 2(6+4)\cdot h_S + 16$
$= 52 + 20\,h_S$
$h_S = \sqrt{\left(\frac{6-4}{2}\right)^2 + h^2} = \sqrt{1+h^2}$
$A_O(h) = 52 + 20\sqrt{1+h^2}$

$V(h) = \frac{1}{3}h(a_1{}^2 + a_1 a_2 + a_2{}^2)$
$= \frac{1}{3}h(36 + 24 + 16) = \frac{76}{3}h$

3

	a	b	h_k	s	h_a	h_b	A_O	A_M	V
a)	4 cm	4 cm	6 cm	**6,63 cm**	**6,32 cm**	**6,32 cm**	**66,56 cm²**	**50,56 cm²**	**32 cm³**
b)	4 cm	5 cm	6 cm	**6,80 cm**	**6,50 cm**	**6,32 cm**	**77,60 cm²**	**57,60 cm²**	**40 cm³**
c)	40 mm	8 cm	**2,24 cm**	5 cm	**4,58 cm**	**3 cm**	**74,32 cm²**	**42,32 cm²**	**23,9 cm³**
d)	5 cm	6 cm	**10 cm**	**10,74 cm**	**10,44 cm**	**10,31 cm**	**144,06 cm²**	**114,06 cm²**	100 cm³
e)	7 cm	**9 cm**	8 cm	**9,82 cm**	**9,18 cm**	**8,73 cm**	**205,83 cm²**	**142,83 cm²**	168 cm³
f)	6 cm	**6 cm**	**13,67 cm**	**14,32 cm**	14 cm	14 cm	**204 cm²**	**168 cm²**	**164,04 cm³**

Seite 43

4 a)

α	β	γ	δ
47°	**133°**	**47°**	**133°**
59°	121°	**59°**	**121°**
70°	**110°**	70°	**110°**
17°	**163°**	**17°**	163°
(180° – x)	x	**(180° – x)**	**x**
60°	2α	**60°**	**120°**
3β	**45°**	**135°**	**45°**

b)

α	β	γ	δ	ε
50°	40°	**90°**	**140°**	**90°**
45°	**75°**	**60°**	105°	**120°**
120°	30°	30°	**150°**	**150°**
60°	**80°**	**40°**	100°	140°
70°	**60°**	**50°**	120°	**130°**
60°	α	α	**120°**	**120°**
120°	**30°**	β	5β	**150°**

5 a) $\alpha = 60°$ $\gamma = 120°$
$\beta = 60°$ $\delta = 120°$

b) $\delta = 115°$ $\gamma = 70°$
$\varepsilon = 85°$

c) $\alpha = 26{,}6°$ $\gamma = 53{,}2°$ $\varepsilon = 53{,}2°$
$\beta = 63{,}4°$ $\delta = 126{,}8°$

6 Innenwinkel: $\alpha = \frac{360°}{n}$

Umfang: $u = n \cdot a$ a – Seitenlänge

Flächeninhalt: $A = \frac{n}{2} a r_1$ r_1 – Inkreisradius

$A = \frac{n}{2} r_2^2 \cdot \sin \alpha$ r_2 – Umkreisradius

Radien: $r_1 = r_2 \cdot \cos \frac{\alpha}{2} = \frac{\frac{a}{2}}{\tan \frac{\alpha}{2}}$

$r_2 = \frac{\frac{a}{2}}{\sin \frac{\alpha}{2}} = \frac{r_1}{\cos \frac{\alpha}{2}}$

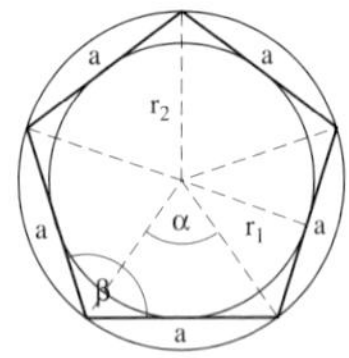

7

	n	α	a	u	r_1	r_2	A
regelmäßiges Viereck: **Quadrat**	**4**	**90°**	5 cm	**20 cm**	**2,5 cm**	**3,53 cm**	**25 cm²**
regelmäßiges Fünfeck	**5**	**72°**	5 cm	**25 cm**	**3,44 cm**	**4,25 cm**	**43 cm²**
regelmäßiges Sechseck	**6**	**60°**	**10 cm**	60 cm	**8,66 cm**	**10 cm**	**259,8 cm²**
regelmäßiges **Achteck**	**8**	45°	**5 cm**	40 cm	**6,04 cm**	**6,53 cm**	**120,8 cm²**
regelmäßiges **Dreieck**	3	**120°**	10 cm	**30 cm**	**2,89 cm**	**5,77 cm**	**43,30 cm²**

Seite 44

8 A(–7; 4)
B(–4; 3)
C(–5; 7)
Spiegelung:
A'(7; 4)
B'(4; 3)
C'(5; 7)
Drehung:
A''(4; –7)
B''(3; –4)
C''(7; –5)
Streckung 1:
A'''(14; 8)
B'''(8; 6)
C'''(10; 14)
Streckung 2:
A''''(–4; –5)
B''''(–3; –8)
C''''(–7; –7)

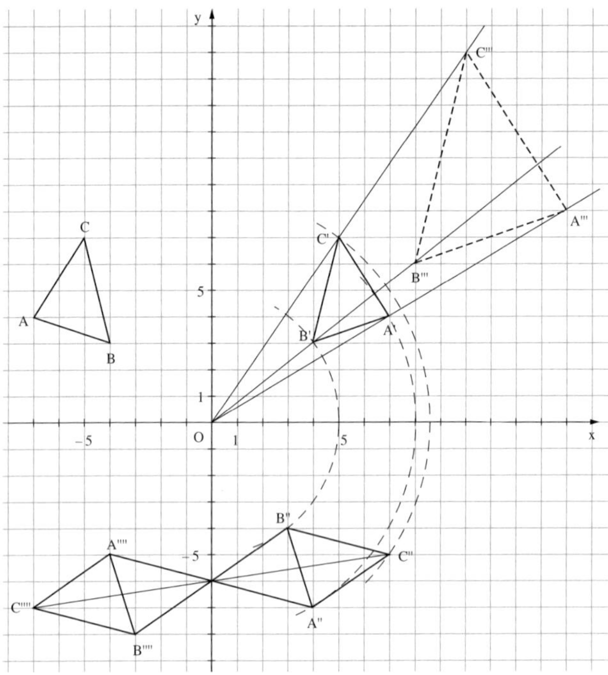

9

△ ABC

	a	b	c	α	β	γ	u	A
a)	2 cm	2 cm	2 cm	**60°**	**60°**	**60°**	**6 cm**	**$\sqrt{3}$ cm²**
b)	3 cm	**4 cm**	5 cm	**36,9°**	**53,1°**	**90°**	**12 cm**	**6 cm²**
c)	9 cm	**9 cm**	2 cm	**83,62°**	**83,62°**	**12,76°**	20 cm	**8,94 cm²**
d)	**8,32 cm**	**8,32 cm**	**8,32 cm**	**60°**	**60°**	**60°**	**24,96 cm**	30 cm²
e)	n. eind.	n. eind.	n. eind.	**40°**	20°	**120°**	n. eind.	n. eind.

△ A'B'C'

	a'	b'	c'	α'	β'	γ'	u'	A'	k
a)	5 cm	**5 cm**	**5 cm**	**60°**	**60°**	**60°**	**15 cm**	**10,83 cm²**	**2,5**
b)	**6 cm**	8 cm	**10 cm**	**36,9°**	**53,1°**	**90°**	**24 cm**	**24 cm²**	2
c)	**4,5 cm**	**4,5 cm**	**1 cm**	**83,62°**	**83,62°**	**12,76°**	10 cm	**2,24 cm²**	**0,5**
d)	**12,48 cm**	**12,48 cm**	**12,48 cm**	60°	60°	**60°**	**37,44 cm**	**67,5 cm²**	1,5
e)	n. eind.	n. eind.	n. eind.	40°	**20°**	**120°**	n. eind.	n. eind.	0,7

10

	a	b	c	p	q	h
a)	6 cm	8 cm	**10 cm**	**3,6 cm**	**6,4 cm**	**4,8 cm**
b)	**$\sqrt{35}$ ≈ 5,92 cm**	**$\sqrt{14}$ ≈ 3,74 cm**	7 cm	5 cm	2 cm	**$\sqrt{10}$ ≈ 3,16 cm**
c)	**2,2 cm**	**0,98 cm**	2,4 cm	2 cm	**0,4 cm**	$\sqrt{0,8}$ cm ≈ 0,89 cm
d)	**n.l.**	**n.l.**	50 mm	**n.l.**	6 cm	**n.l.**
e)	**10,31 cm**	**41,23 cm**	**42,5 cm**	2,5 cm	**40 cm**	10 cm

Seite 45

11 a) $\overline{AC}: \ |\overline{AC}|^2 = |\overline{AE}| \cdot |\overline{AB}|$

b) $\overline{BC}: \ |\overline{BC}|^2 = |\overline{BE}| \cdot |\overline{AB}|$

c) $\overline{CE}: \ |\overline{CE}|^2 = |\overline{CG}| \cdot |\overline{CA}| = |\overline{BC}| \cdot |\overline{CF}|$

d) $\overline{EB}: \ |\overline{EB}|^2 = |\overline{BF}| \cdot |\overline{BC}|$

e) $\overline{AE}: \ |\overline{AE}|^2 = |\overline{AG}| \cdot |\overline{AC}|$

f) $\overline{EG}: \ |\overline{EG}|^2 = |\overline{DE}| \cdot |\overline{AE}|$

g) $\overline{EF}$: nicht möglich

12 a) $d = \sqrt{a^2 + b^2}$

$e = \sqrt{a^2 + b^2 + c^2}$

$= \sqrt{d^2 + c^2}$

b) $d_1 = |\overline{M_1G}| = \sqrt{a^2 + b^2 + \left(\frac{c}{2}\right)^2}$

$d_2 = |\overline{M_1C}| = \sqrt{a^2 + b^2 + \left(\frac{c}{2}\right)^2}$

$d_3 = |\overline{M_2H}| = \sqrt{a^2 + b^2 + \left(\frac{c}{2}\right)^2}$

c) $h_a = \sqrt{\left(\frac{a}{2}\right)^2 + h^2}$

$h = \sqrt{h_a^2 - \left(\frac{a}{2}\right)^2}$ oder

$h = \sqrt{s^2 - \left(\frac{a}{2}\right)^2}$

d) $a = \sqrt{\frac{e^2}{2}} = \frac{e}{\sqrt{2}} = \frac{e\sqrt{2}}{2}$

$h = \sqrt{s^2 - \left(\frac{e}{2}\right)^2} = \sqrt{\frac{3}{4}s^2} = \frac{s}{2}\sqrt{3}$

$V = \frac{1}{3}a^2 \cdot h$

13 $\frac{|\overline{AD}|}{|\overline{DZ}|} = \frac{|\overline{CF}|}{|\overline{\mathbf{FZ}}|}$ $\quad \frac{|\overline{BZ}|}{|\overline{BE}|} = \frac{|\overline{\mathbf{CZ}}|}{|\overline{CF}|}$ $\quad \frac{|\overline{\mathbf{AB}}|}{|\overline{BC}|} = \frac{|\overline{DE}|}{|\overline{EF}|}$ $\quad \frac{|\overline{BZ}|}{|\overline{BC}|} = \frac{|\overline{EZ}|}{|\overline{\mathbf{EF}}|}$ $\quad \frac{|\overline{ZJ}|}{|\overline{ZD}|} = \frac{|\overline{ZG}|}{|\overline{\mathbf{ZF}}|}$ $\quad \frac{|\overline{EH}|}{|\overline{ZH}|} = \frac{|\overline{FG}|}{|\overline{\mathbf{ZG}}|}$

Seite 46

14

$\lvert\overline{AB}\rvert$	$\lvert\overline{AC}\rvert$	$\lvert\overline{BC}\rvert$	$\lvert\overline{AD}\rvert$	$\lvert\overline{AE}\rvert$	$\lvert\overline{DE}\rvert$	$\lvert\overline{AF}\rvert$	$\lvert\overline{AG}\rvert$	$\lvert\overline{FG}\rvert$
4 cm	**6 cm**	2 cm	**5 cm**	7,5 cm	2,5 cm	8 cm	**12 cm**	4 cm
8 m	14 m	**6 m**	12,6 m	**22 m**	9,4 m	**12 m**	21 m	9 m
1,2 km	**1,8 km**	**0,6 km**	**7,2 km**	10,8 km	3,6 km	3,2 km	**4,8 km**	1,6 km

$\lvert\overline{AB}\rvert$	$\lvert\overline{AC}\rvert$	$\lvert\overline{BD}\rvert$	$\lvert\overline{CE}\rvert$	$\lvert\overline{BF}\rvert$	$\lvert\overline{CG}\rvert$
6 m	**14 m**	7 m	$16,\overline{3}$ m	15 m	**35 m**
2,1 cm	4 cm	**0,4 cm**	0,76 cm	**2,2 cm**	4,2 cm
142 km	**212 km**	**186 km**	278 km	322 km	**480 km**

15

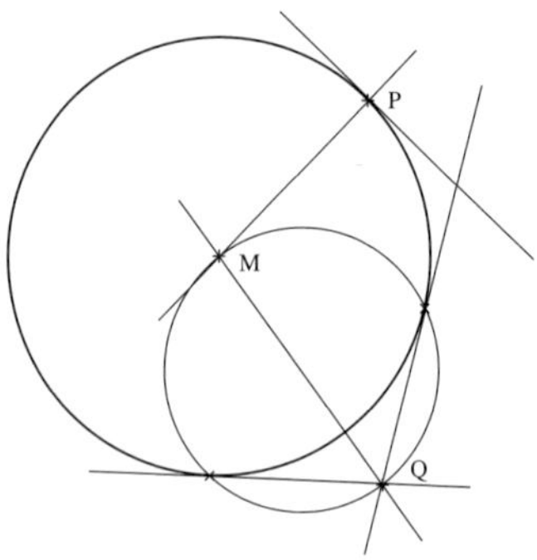

16

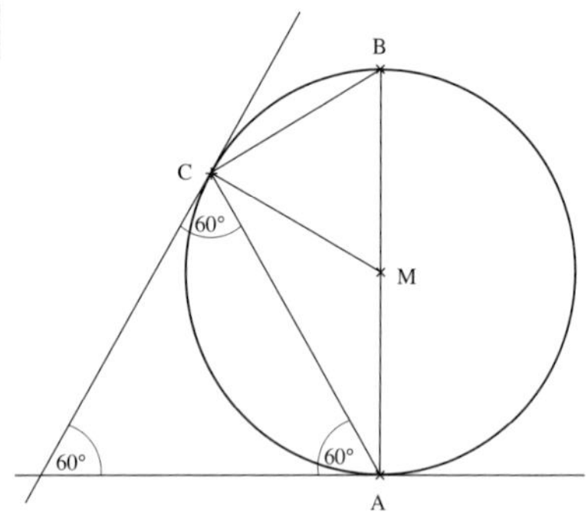

17 $\alpha = 70°$; α und γ Wechselwinkel an geschnittenen Parallelen
$\beta = 55°$; $\sphericalangle$ AMD und $\sphericalangle$ MBC Stufenwinkel an geschnittenen Parallelen
$\gamma = 70°$; $\triangle$MBC gleichschenklig; $\gamma = 180° - 110°$
$\delta = 27{,}5°$; Basiswinkel im gleichschenkligen $\triangle$AMC; $\delta = \varepsilon$
$\varepsilon = 27{,}5°$; Basiswinkel im gleichschenkligen $\triangle$AMC; $2\delta = 180° - 125°$

Seite 47

18 a), b) Konstruktion von M als Schnittpunkt der Mittelsenkrechten von (z. B.) $\overline{AB}$ und $\overline{BC}$.
c) Mittelpunkte des Inkreises ist Schnittpunkt von zwei Winkelhalbierenden des Dreiecks ABC.
d) Tangente steht senkrecht auf dem Berührungsradius.
e) $A = \frac{g \cdot h_g}{2}$

$A = \frac{1{,}5 \cdot 3}{2} = 2{,}25$ FE

f) $f(x) = 2x + 3$

$0 = 2x + 3$

$x = -\frac{3}{2}$

19 $\alpha = 80°$; Peripherie-Zentriwinkel-Satz
$\beta = 50°$; Basiswinkel im $\triangle$AMD
$\gamma = 40°$; Peripheriewinkelsatz
$\delta = 100°$; Vollwinkel zusammen mit α
$\varepsilon = 130°$; Außenwinkelsatz $\triangle$AMD
$\phi = 50°$; Sehnentangentenwinkel

20 a) $u = \pi \cdot \frac{a}{2} + a + \pi \cdot \frac{a}{3}$

$u = a\left(\frac{\pi}{2} + 1 + \frac{\pi}{3}\right)$

$u \approx 11\ \text{cm}$

$A = \frac{\pi}{8}a^2 + \frac{2}{3}a^2$

$A = a^2\left(\frac{\pi}{8} + \frac{2}{3}\right)$

$A \approx 9{,}5\ \text{cm}^2$

b) $u = a + 2 \cdot \frac{a}{2} + \frac{\pi}{2}a$

$u = a\left(\frac{\pi}{2} + 2\right)$

$u \approx 10{,}7\ \text{cm}$

$A = a \cdot \frac{a}{2} + \frac{\pi}{2}\left(\frac{a}{2}\right)^2 - \frac{\pi}{2}\left(\frac{a}{4}\right)^2$

$A = a^2\left(\frac{1}{2} + \frac{\pi}{8} - \frac{\pi}{32}\right)$

$A \approx 7{,}15\ \text{cm}^2$

c) $u = \pi \cdot \frac{a}{2} + 3 \cdot \frac{a}{2} + \sqrt{\frac{a^2}{2}}$

$u = a\left(\frac{\pi}{2} + \frac{3}{2}\right) + \sqrt{\frac{a^2}{2}}$

$u \approx 11{,}3\ \text{cm}$

$A = a \cdot \frac{a}{2} + \frac{\pi}{2}\left(\frac{a}{2}\right)^2 - \frac{a^2}{8}$

$A = a^2\left(\frac{1}{2} + \frac{\pi}{8} - \frac{1}{8}\right)$

$A \approx 6{,}9\ \text{cm}^2$

Seite 48

21 a)
b)

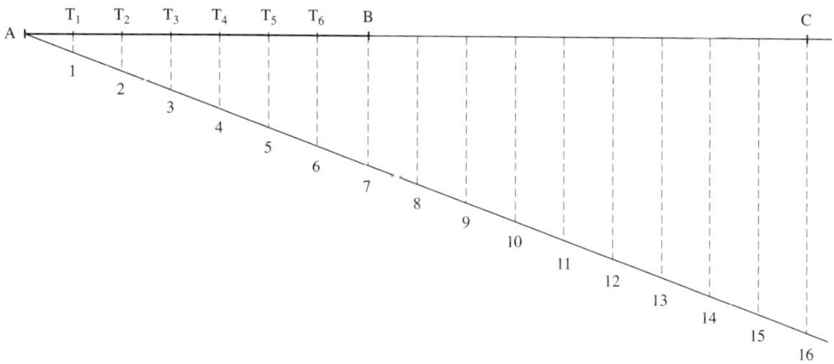

c)

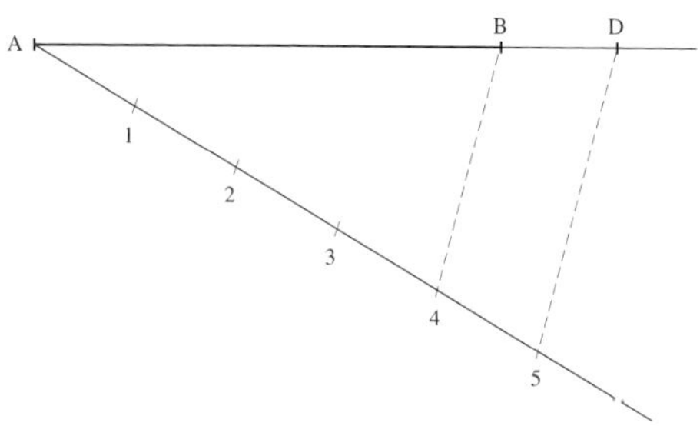

22 a) Ist a die Seite des gegebenen Quadrats, so muss das zu ermittelnde Quadrat die Seitenlänge 4a, $\frac{1}{4}$a bzw. 2a haben.

b) – $A = a^2$; aus $A_1 = a_1{}^2 = 4A = 4a^2$ folgt $a_1 = 2a$. Die Seite des gegebenen Quadrats ist also zu verdoppeln.

– Aus $A_2 = a_2{}^2 = 2A = 2a^2$ folgt $a_2 = a\sqrt{2}$. Also ist a_2 die Länge der Diagonalen des Ausgangsquadrats.

– Aus $A_3 = a_3{}^2 = \frac{1}{2}A = \frac{1}{2}a^2$ folgt $a_3 = a\sqrt{\frac{1}{2}} = \frac{a}{2}\sqrt{2}$. Also ist a_3 die halbe Länge der Diagonalen des Ausgangsquadrats.

c) $a^2 = \frac{1}{8}u \cdot x$ (Höhensatz)

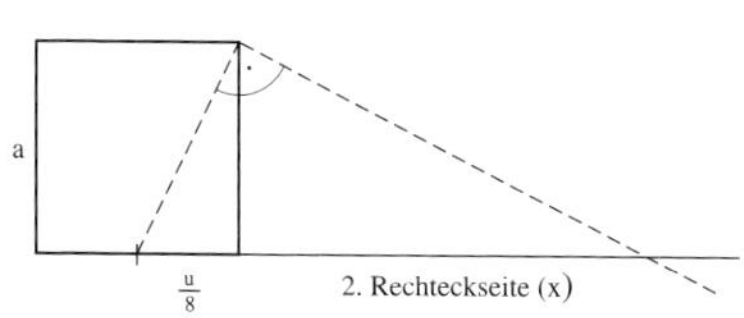

23 a) $A_{UK} = \pi \cdot \frac{c^2}{4}$ $\quad u_{UK} = c\pi$

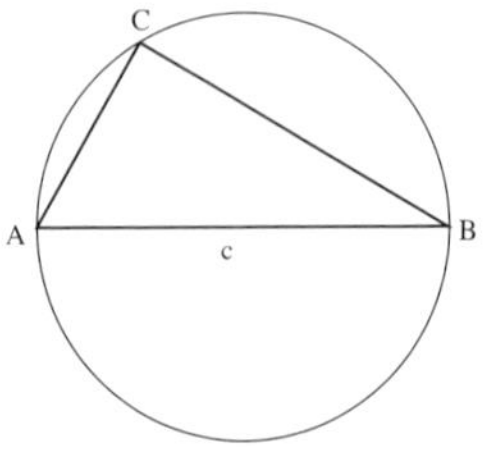

b) Für die Höhe h aller in den Halbkreis einbeschriebenen rechtwinkligen Dreiecks mit der Hypotenuse c gilt:

$h \leq \frac{c}{2}$

Das gleichschenklig-rechtwinklige Dreieck mit der Höhe $\frac{c}{2}$ hat den größten Inhalt.

$A = \frac{1}{2} \cdot c \cdot \frac{c}{2} = \frac{c^2}{4}$

24

Radius r	4 cm	6,8 cm	16,8 cm	**15 cm**	**34 cm**
Kreisbogen b	**4,2 cm**	22 cm	**19,3 cm**	**3,26 cm**	74 cm
Flächeninhalt des Kreisausschnitts A_d	**17 cm²**	**75 cm²**	162 cm²	24,2 cm²	**1251 cm²**
Zentriwinkel des Kreisausschnitts α	60°	**185°**	**65,7°**	12,5°	124°

Daten und Zufall

Methoden zur Darstellung von Daten

Seite 49

1 a)

1: IIII	4	3: 𝍸 III	8	5: IIII	4
2: 𝍸 I	6	4: IIII	4	6: II	2

b)

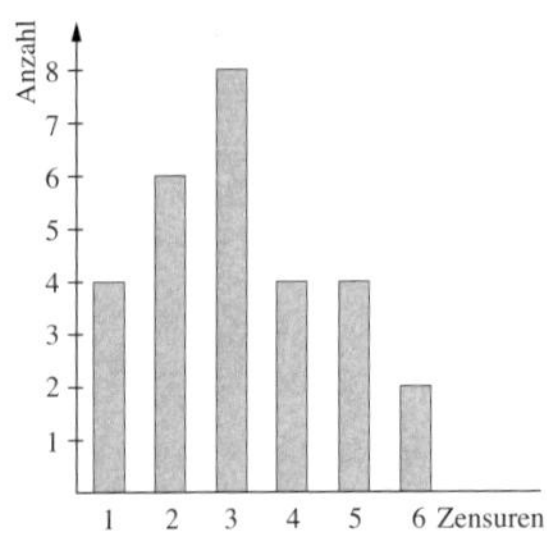

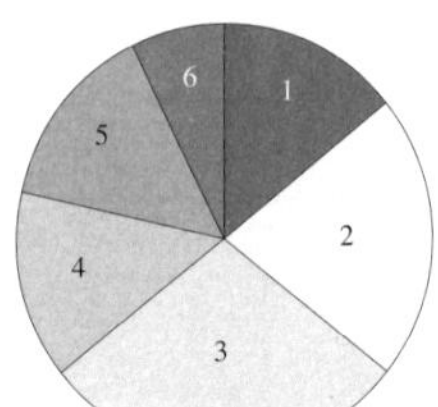

c) Histogramm

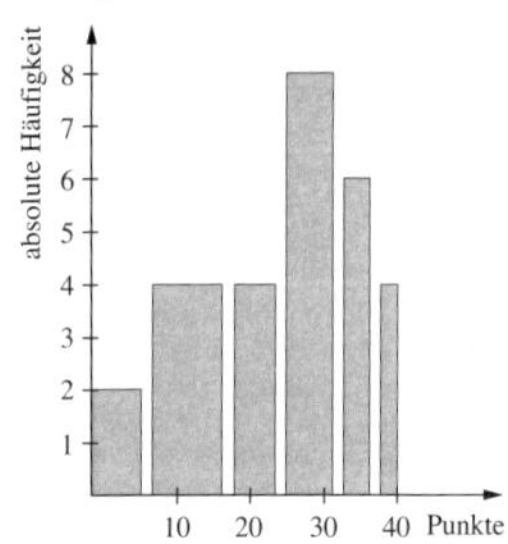

2

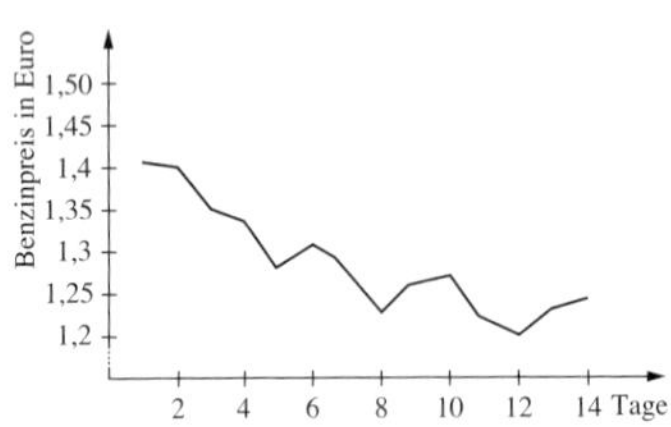

3 a)

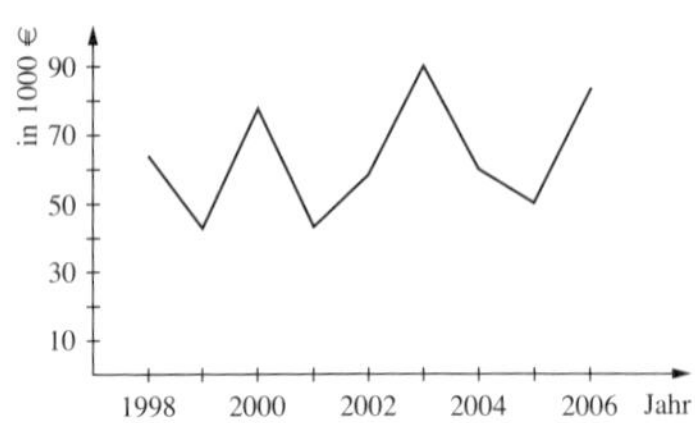

b)

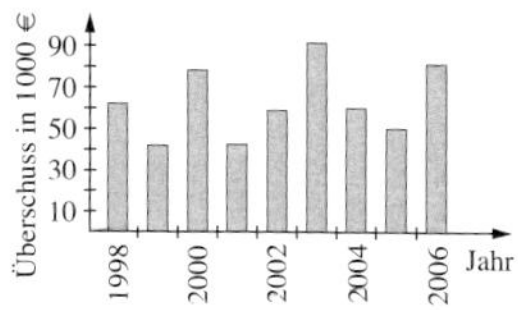

4

Vokal	absolute Häufigkeit	relative Häufigkeit
a	11	0,25
e	16	0,36
i	9	0,20
o	2	0,05
u	6	0,14

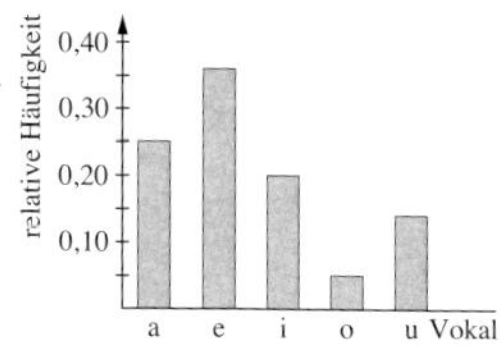

5

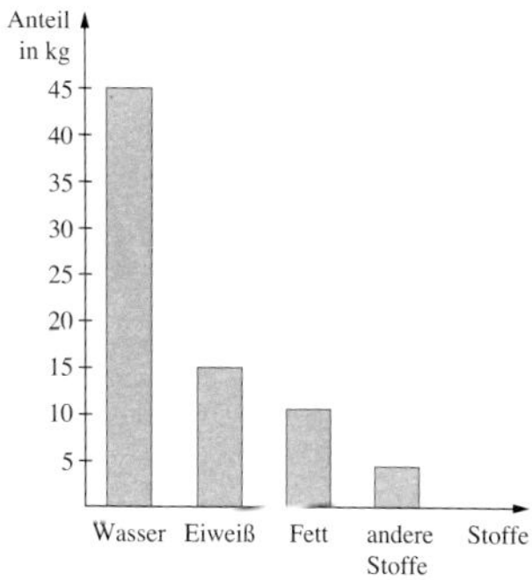

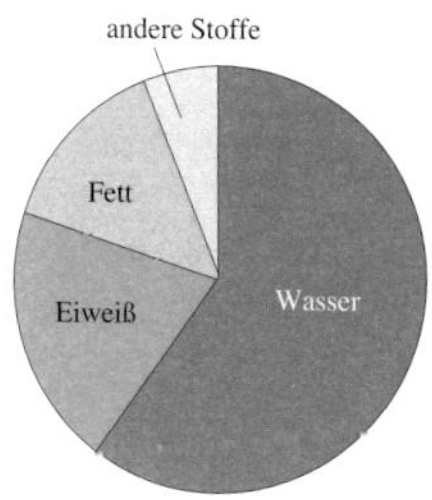

6

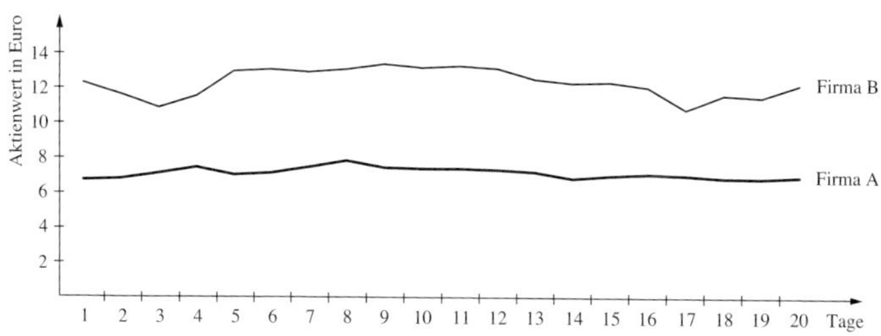

Kenngrößen statistischer Erhebungen

Seite 50

1 a)

	Erni	Bert
$\bar{x}$	1,6	1,6
m	1,8	1,5; 1,7
$\tilde{x}_{0,5}$	1,65	1,6
w	0,5	0,4

b)

	Erni	Bert
d	0,18	0,1
s^2	0,04	0,014
s	0,2	0,1183

c) Bert hat offensichtlich genauer gemessen.

2 a) $\bar{x} \approx 4{,}36$ m

b) relative Häufigkeit:
4,33 m: 0,3; 4,35 m: 0,32; 4,36 m: 0,04;
4,38 m: 0,24; 4,40 m: 0,1

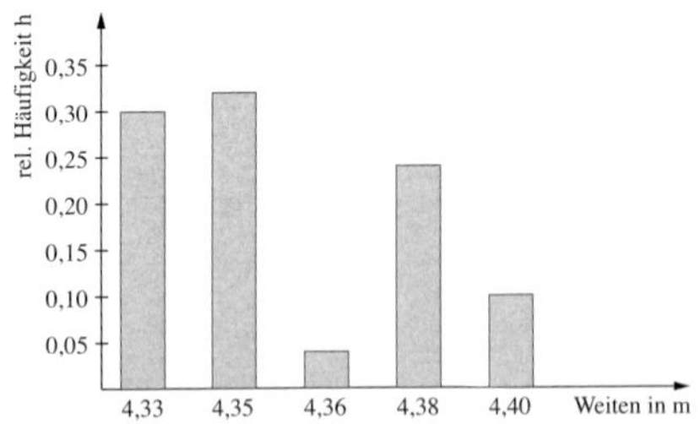

3 a) $x_7 = 9{,}2$

b) $x_{10} = -35$

4 a)

	I	II
m	4,07	3,75
w	1,27	1,72
$\bar{x}$	3,939	3,966
$\tilde{x}_{0,5}$	3,95	3,995

b)

	I	II
d	0,2962	0,406
s^2	0,133639	0,246657
s	0,365567	0,496646

c) Die Trainingseinheit II hat die größte Spannweite. Die Leistungen waren weniger konstant.

5 Stängel-Blatt-Diagramm:

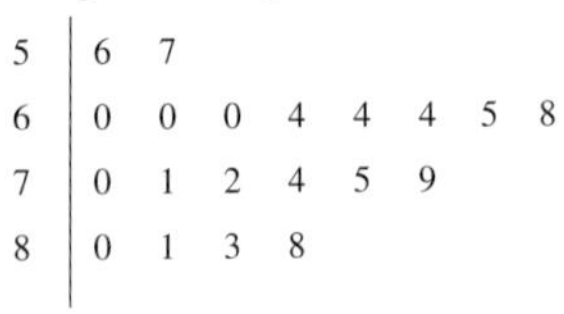

Boxplot:

$x_{min} = 56$
$x_{max} = 88$
$\tilde{x}_{0,25} = 62$
$\tilde{x}_{0,5} = 69$
$\tilde{x}_{0,75} = 77$

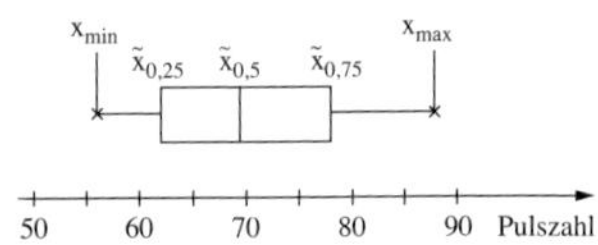

Klasse	abs. Häufigkeit	rel. Häufigkeit
$55 \le x < 60$	2	10 %
$60 \le x < 65$	6	30 %
$65 \le x < 70$	2	10 %
$70 \le x < 75$	4	20 %
$75 \le x < 80$	2	10 %
$80 \le x < 85$	3	15 %
$85 \le x < 90$	1	5 %

Histogramm:

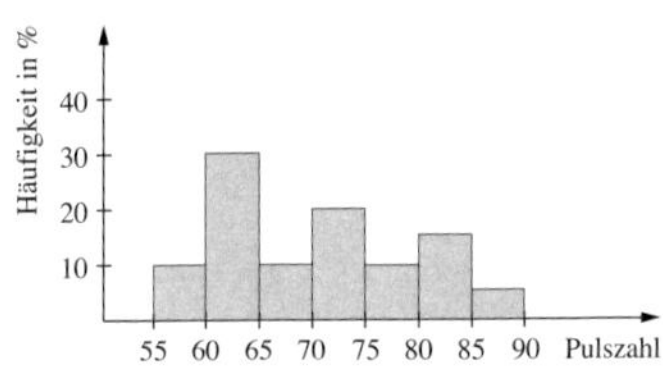

Stängel-Blatt-Diagramm: Es ist geeignet, sich bei kleinen Datensätzen auch ohne Rechner rasch einen Überblick zu verschaffen, da es einerseits alle Daten der Urliste enthält und andererseits die Verteilung widerspiegelt.

Histogramm: Gibt in anschaulicher grafischer Form einen Überblick über die Verteilung der Daten. Bei verschiedener Klassenbreite wird die Häufigkeitsdichte (Häufigkeit geteilt durch die Klassenbreite) abgetragen. Der Inhalt der Rechtecke steht dann weiter für die Häufigkeit der betreffenden Datenklasse.

Boxplot: Komprimiert die in den Daten enthaltenen Informationen noch stärker als das Histogramm. Dargestellt werden nur noch fünf Zahlen: kleinster und größter Datenwert sowie die drei Quartile (das mittlere Quartil halbiert den Datensatz und heißt deswegen Median).

Ein- und mehrstufige Zufallsexperimente

Seite 51

1 a) z. B.: $\Omega_2 = \{1; 4\}$; $\Omega_3 = \{2; 3; 5\}$; $\Omega_6 = \{1; 2; 3; 4; 5; 6\}$
b) A = {3}; B = {1; 3; 5}; C = {1; 4; 6}; D = { }; E = {1; 2; 3; 4; 5; 6}
|A| = 1; |B| = 3; |C| = 3; |D| = 0; |E| = 6

2 a) Ω = {(1; 1), (1; 2), (1; 3), (1; 4), (2; 2), (2; 3), (2; 4), (3; 3), (3; 4), (4; 4)}
b) $\Omega = \{(R_1; R_2), (R_1; R_3), (R_1; R_4), (R_1; R_5), (R_1; R_6), (R_2; R_3), (R_2; R_4), (R_2; R_5), (R_2; R_6), (R_3; R_4), (R_3; R_5), (R_3; R_6), (R_4; R_5), (R_4; R_6), (R_5; R_6)\}$

3 a) Ω = {(1; 1), (1; 2), (1; 3), (1; 4), (1; 5), (1; 6), (2; 1), (2; 2), (2; 3), (2; 4), (2; 5), (2; 6), (3; 1), (3; 2), (3; 3), (3; 4), (3; 5), (3; 6), (4; 1), (4; 2), (4; 3), (4; 4), (4; 5), (4; 6), (5; 1), (5; 2), (5; 3), (5; 4), (5; 5), (5; 6), (6; 1), (6; 2), (6; 3), (6; 4), (6; 5), (6; 6)}
b) A = {(4; 1), (4; 2), (4; 3), (4; 4), (4; 5), (4; 6)} B = {(1; 1), (1; 2), (2; 1)} C = {(5; 6), (6; 5), (6; 6)}
D = {(1; 1), (1; 2), (2; 1), (5; 6), (6; 5), (6; 6)} E = {(4; 6), (5; 5), (5; 6), (6; 4), (6; 5)} F = { }
c) F = {im ersten Wurf fällt die 4 und die Augensumme ist kleiner 4 oder größer 10}

4 a) Großer Preis: G = {(4; 6)} Mittlerer Preis: M = {(2; 3), (2; 5), (3; 5)}
Kleiner Preis: K = {(2; 4), (2; 6), (4; 6)}
Trostpreis: T = {(1; 2), (1; 3), (1; 5), (4; 2), (4; 3), (4; 5), (6; 2), (6; 3), (6; 5)}
b) z. B. sicheres Ereignis: Ω = {die Augensumme ist kleiner 12}
unmögliches Ereignis: U = {die Augensumme ist größer 12} = { }
Elementarereignis: E = {es wird die 1 und die 5 gezogen} = {(1; 5)}

5 Mannschaft A: g – gewonnen; v – verloren
(g; g; g), (g; g; v; g), (g; g; v; v; g), (g; v; g; g), (g; v; g; v; g), (g; v; v; g; g), (v; v; g; g; g), (v; g; v; g; g), (v; g; g; v; g), (v; g; g; g)

6 1. Frage 2. Frage 3. Frage

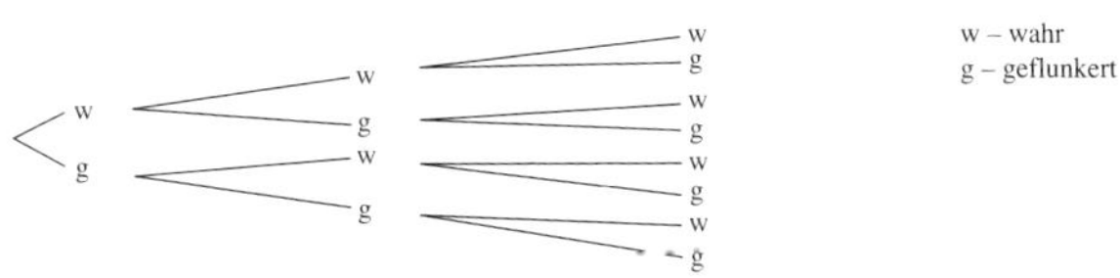

7 Ereignis E_{OMA} = {OOMA, OMAO, OMAL, OMAM, LOMA, MOMA}

8 1. Ziehung 2. Ziehung 3. Ziehung

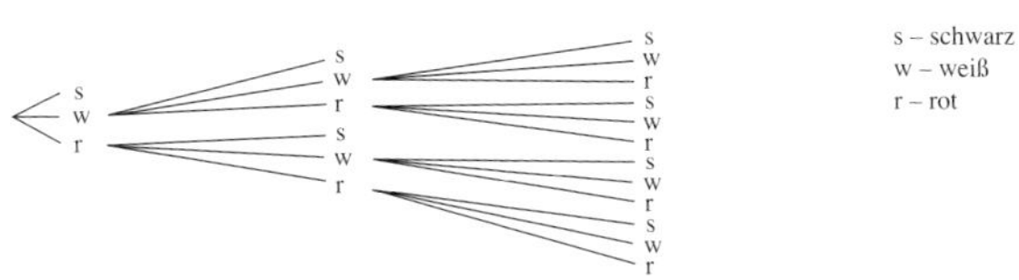

Abzählverfahren (Zählprinzipien)

Seite 52

1 ohne Wiederholung: $P_n = n!$

mit Wiederholung: ${}^{W}P_n = \frac{n!}{n_1! \cdot n_2! \cdot \ldots \cdot n_k!}$
$(n_1 + n_2 \ldots + n_k = n)$

$P(BEIL) = P_4 = 4! = 24$

$P(FALL) = {}^{W}P_4 = \frac{(1+1+2)!}{1! \cdot 1! \cdot 2!} = 12$

2 a) ① $C_n^k = \binom{n}{k}$ ② $V_n^k = \frac{n!}{(n-k)!}$

${}^{W}C_n^k = \binom{n+k-1}{k}$ ${}^{W}V_n^k = n^k$

b) ① ${}^{W}C_3^1 = 3$ ② ${}^{W}C_3^2 = 6$ ③ ${}^{W}C_3^3 = 10$

$V_3^1 = 3$ $V_3^2 = 6$ $V_3^3 = 6$

3 a) ja; Variation mit Wiederholung ${}^{W}V_9^3 = 9^3 = 729$

b) ja; Kombination ohne Wiederholung $C_5^4 = \binom{5}{4} = 5$ (ohne Berücksichtigung der Reihenfolge)

c) nein; Permutation $P = 6! = 720$

d) ja; Variation mit Wiederholung ${}^{W}V_{10}^4 - 1\,000 = 9\,000$

e) ja; Kombination ohne Wiederholung $C_6^4 = \binom{6}{4} = 15$

4 6 aus 49: 13 983 816 verschiedene Tipps; P(Hauptgewinn) = $7{,}15 \cdot 10^{-8}$
5 aus 35: 324 632 verschiedene Tipps; P(Hauptgewinn) = $3{,}08 \cdot 10^{-6}$
5 aus 45: 1 221 759 verschiedene Tipps; P(Hauptgewinn) = $8{,}18 \cdot 10^{-7}$
7 aus 57: 264 385 836 verschiedene Tipps; P(Hauptgewinn) = $3{,}78 \cdot 10^{-9}$
Die Chancen auf einen Hauptgewinn sind bei „5 aus 35“ am größten.

5 ${}^{W}V_3^{10} = 3^{10} = 59\,049$

6 a) $P_n = 15! = 1{,}307674368 \cdot 10^{12}$
b) $P_n = 8! = 40\,320$
c) $P_n = 5! = 120$
d) $P_n = 15! = 1{,}307674368 \cdot 10^{12}$
e) $P_n = 8! = 40\,320$
f) $P_{5(22\,335)} = \frac{5!}{2! \cdot 2! \cdot 1!} = 30$; $P_{5(22\,233)} = \frac{5!}{3! \cdot 2!} = 10$

7 a) $V_5^2 = 20$ b) ${}^{W}V_5^2 = 5^2 = 25$

8 A-Wurf: $C_{12}^7 = 792$
B-Wurf: $C_8^5 = 56$
C-Wurf: $C_6^4 = 15$
für alle drei Würfe: $792 \cdot 56 \cdot 15$
$= 665\,280$ Möglichkeiten

Seite 53

9 a) $V_6^4 = 360$ b) ${}^{W}V_6^4 = 1\,296 - 6 - 6 \cdot 5 \cdot 4 = 1\,170$ c) ${}^{W}V_6^4 = 6^4 = 1\,296$

10 a) $5 \cdot 6 = 36$ Möglichkeiten b) $5 \cdot 5 \cdot 6 = 216$ Möglichkeiten c) z. B. {2; 3; 4}; {1; 6}; {6}; {5; 2; 6}

Wahrscheinlichkeit bei Gleichverteilung (Laplace-Experimente)

1 Zufallsexperimente, bei denen alle Ergebnisse gleichwahrscheinlich sind, heißen Laplace-Experimente; z. B. Werfen einer (idealen) Münze, eines (idealen) Würfels, Ziehen einer bestimmten Karte aus einem Kartenspiel.
$P(E) = \frac{\text{Anzahl der für E günstigen Ergebnisse}}{\text{Anzahl der möglichen Ergebnisse}}$

2 Ω = {alle Namen der Jungen und Mädchen} E = {alle Namen der Mädchen}
Anzahl der günstigen Fälle: 12 Anzahl der möglichen Fälle: 28 Wahrscheinlichkeit $P(E) = \frac{12}{28} \approx 0{,}43$

3 a), b), e) ja c), d) nein

4 $\Omega_a = \{\text{Wappen; Zahl}\}$ $P(W) = P(Z) = 0{,}5$
$\Omega_b = \{\text{Los } 1, \ldots, \text{Los } 1\,000\}$ $P(\text{Los } 1) = \ldots = P(\text{Los } 1\,000) = 0{,}001$
$\Omega_e = \{(K_1; K_2), (K_1; K_3), (K_1; K_4), (K_2; K_3), (K_2; K_4), (K_3; K_4)\}$ $P(\text{Kugelpaar}) = \frac{1}{6} = 0{,}1\overline{6}$

5 a) $P(x \le 400) = \frac{400}{1000} = 0{,}4$ b) $P(\text{Primzahl}) = \frac{168}{1000} = 0{,}168$

6 a) $P(2\text{ €}) = \frac{1}{8} = 0{,}125$ b) $P(\text{zweifarbige Münze}) = \frac{2}{8} = 0{,}25$ c) $P(\text{Münze zum Telefonieren}) = \frac{4}{8} = 0{,}5$

7 a) $P(W; W; W) = \frac{1}{8} = 0{,}125$ b) $P(\text{mindestens einmal Z}) = \frac{7}{8} = 0{,}875$
c) $P(\text{höchstens einmal W}) = \frac{4}{8} = 0{,}5$ d) $P(\text{W und Z}) = \frac{6}{8} = 0{,}75$

8 a) $P(\text{viermal Rot}) = \frac{1}{16} = 0{,}0625$ b) $P(\text{mindestens einmal Grün}) = \frac{15}{16} = 0{,}9375$
c) $P(\text{zweimal Grün}) = \frac{6}{16} = 0{,}375$ d) $P(\text{höchstens einmal Rot}) = \frac{5}{16} = 0{,}3125$

Rechenregeln für Wahrscheinlichkeiten und Anwendungen

Seite 54

1 a) $P(A) = \frac{4}{6} = \frac{2}{3}$ $P(B) = \frac{3}{6} = \frac{1}{2}$
b) $P(A \cup B) = \frac{5}{6}$ $P(A \cup B) = P(A) + P(B) - P(A \cap B)$
c) $\overline{A} = \{5, 6\}$ $P(\overline{A}) = \frac{2}{6} = \frac{1}{3}$ $P(\overline{A}) = 1 - P(A)$

2 a) $P = \frac{16}{40} = 0{,}4$ b) $P = \frac{40}{40} = 1$ c) $P = \frac{36}{40} = 0{,}9$
d) $P = \frac{20}{40} = 0{,}5$ e) $P = \frac{4}{40} = 0{,}1$ f) $P = \frac{34}{40} = 0{,}85$
g) $P = \frac{2}{40} = 0{,}05$ h) $P = \frac{2}{40} = 0{,}05$ i) $P = \frac{30}{40} = 0{,}75$

3 $P(A) = \frac{8}{32} = 0{,}25$ $P(B) = \frac{4}{32} = 0{,}125$ $P(C) = \frac{11}{32} = 0{,}34375$

4 a) $A = \{2; 4; 6; 8; 10; 12\}$ $\quad B = \{\ \}$ $\quad C = \{2; 3; 5; 7; 11\}$
$D = \{8; 9; 10; 11; 12\}$ $\quad E = \{3; 6; 9; 12\}$ $\quad F = \{1; 2; 3; 4\}$
$G = \{1; 2; 3; 4; 5; 6; 7; 9; 10; 11\}$

b) $P(A) = \frac{6}{12} = 0{,}5$ $\quad P(B) = 0$ $\quad P(C) = \frac{5}{12} = 0{,}41\overline{6}$
$P(D) = \frac{5}{12} = 0{,}41\overline{6}$ $\quad P(E) = \frac{1}{3} = 0{,}\overline{3}$ $\quad P(F) = \frac{1}{3} = 0{,}\overline{3}$ $\quad P(G) = \frac{3}{4} = 0{,}75$

c) $\overline{A} = \{1; 3; 5; 7; 9; 11\}$ $\quad P(\overline{A}) = 1 - P(A) = 0{,}5$
$\overline{B} = \{1; 2; 3; 4; 5; 6; 7; 8; 9; 10; 11; 12\}$ $\quad P(\overline{B}) = 1$
$\overline{C} = \{1; 4; 6; 8; 9; 10; 12\}$ $\quad P(\overline{C}) = \frac{7}{12}$
$\overline{D} = \{1; 2; 3; 4; 5; 6; 7\}$ $\quad P(\overline{D}) = \frac{7}{12}$ $\quad \overline{E} = \{1; 2; 4; 5; 7; 8; 10; 11\}$ $\quad P(\overline{E}) = \frac{2}{3}$
$\overline{F} = \{5; 6; 7; 8; 9; 10; 11; 12\}$ $\quad P(\overline{F}) = \frac{2}{3}$ $\quad \overline{G} = \{4; 8; 12\}$ $\quad P(\overline{G}) = \frac{1}{4}$

Zufallsgrößen und Erwartungswert

1 a) $x_1 = 0;$ $\quad x_2 = 1;$ $\quad x_3 = 2;$ $\quad x_4 = 3$

b) z. B. Gewinnspiel mit 5 Ausgängen. Würfeln mit zwei Würfeln, Gewinn entsprechend der Differenz der Augen: Differenz 0 ≙ –50; 1 ≙ 0; 2 ≙ 10; 3 ≙ 20; 4 ≙ 30; 5 ≙ 40.

c) S kann die Werte 2, 3, 4, 5, 6, 7, 8, 9, 10, 11 und 12 annehmen. Es gibt $6^2 = 36$ Möglichkeiten und daher die Wahrscheinlichkeiten:

x_i	2	3	4	5	6	7	8	9	10	11	12
$P(x_i)$	$\frac{1}{36}$	$\frac{1}{18}$	$\frac{1}{12}$	$\frac{1}{9}$	$\frac{5}{36}$	$\frac{1}{6}$	$\frac{5}{36}$	$\frac{1}{9}$	$\frac{1}{12}$	$\frac{1}{18}$	$\frac{1}{36}$

$E(S) = 7$

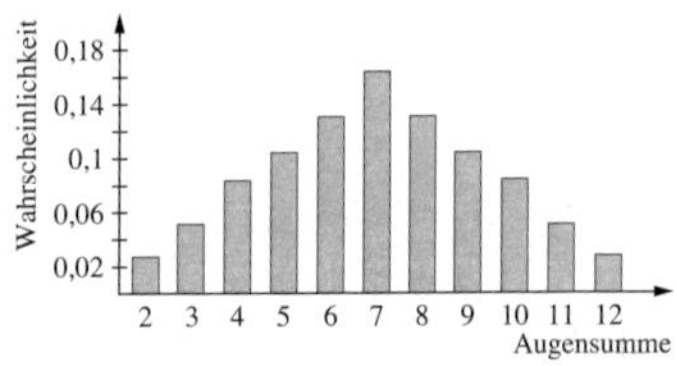

Seite 55

2 a)

Differenz D	0	1	2	3	4	5
P(D)	$\frac{1}{6}$	$\frac{5}{18}$	$\frac{2}{9}$	$\frac{1}{6}$	$\frac{1}{9}$	$\frac{1}{18}$

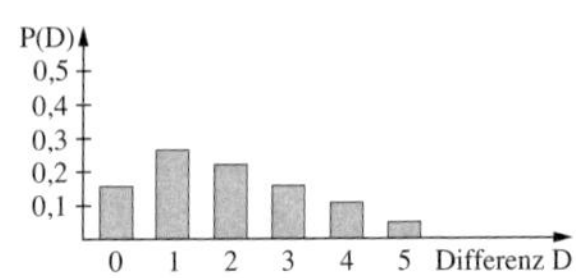

b)

10 – S	–2	–1	0	1	2	3
P(E)	$\frac{1}{36}$	$\frac{2}{36}$	$\frac{3}{36}$	$\frac{4}{36}$	$\frac{5}{36}$	$\frac{6}{36}$

10 – S	4	5	6	7	8
P(E)	$\frac{5}{36}$	$\frac{4}{36}$	$\frac{3}{36}$	$\frac{2}{36}$	$\frac{1}{36}$

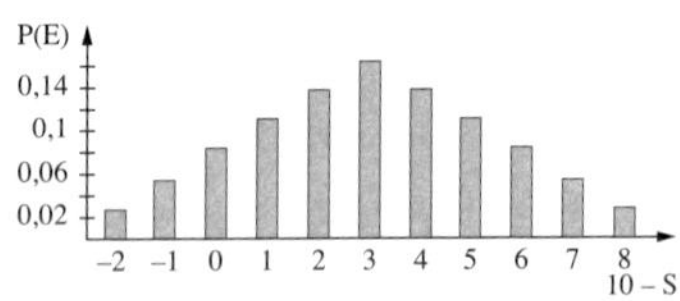

3 a) Die Zufallgröße X kann die Werte 0, 1, 2 oder 3 annehmen.

b)

k	0	1	2	3
P(X = k)	$\frac{3}{4}\cdot\frac{3}{4}\cdot\frac{3}{4}=\frac{27}{64}\approx 0{,}422$	$3\cdot\frac{3}{4}\cdot\frac{3}{4}\cdot\frac{1}{4}=\frac{27}{64}\approx 0{,}422$	$3\cdot\frac{3}{4}\cdot\frac{1}{4}\cdot\frac{1}{4}=\frac{9}{64}\approx 0{,}141$	$\frac{1}{4}\cdot\frac{1}{4}\cdot\frac{1}{4}=\frac{1}{64}\approx 0{,}015$

c) Die Wahrscheinlichkeit, dass wenigstens ein Lügner dabei war, beträgt

$(P(X > 0) = 1 - P(X = 0) = 1 - \frac{27}{64} = \frac{37}{64} \approx 0{,}578.$

4 Die Anzahl X der nötigen Ziehungen kann die Werte 3, 4 oder 5 annehmen.
Ein verkürztes Baumdiagramm liefert die Wahrscheinlichkeitsverteilung:

w – weiß; b – blau

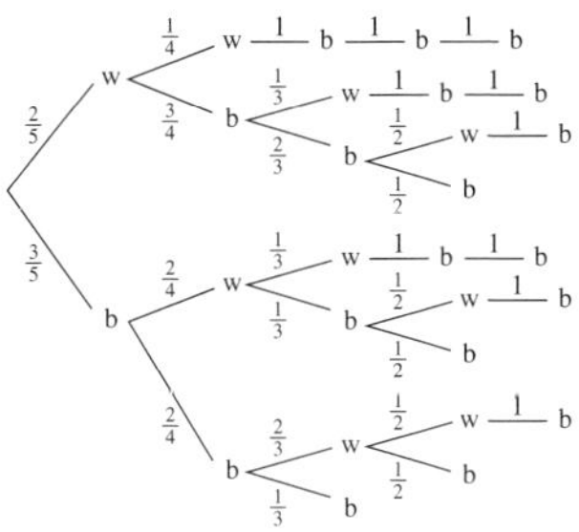

P	Anzahl
$\frac{2}{20}=\frac{1}{10}$	5
$\frac{6}{60}=\frac{1}{10}$	5
$\frac{12}{120}=\frac{1}{10}$	5
$\frac{12}{120}=\frac{1}{10}$	4
$\frac{6}{60}=\frac{1}{10}$	5
$\frac{12}{120}=\frac{1}{10}$	5
$\frac{12}{120}=\frac{1}{10}$	4
$\frac{12}{120}=\frac{1}{10}$	5
$\frac{12}{120}=\frac{1}{10}$	4
$\frac{6}{60}=\frac{1}{10}$	3

E(X) = 4,5

Binominalverteilte Zufallsgrößen

1 a) $\binom{n}{k} = \frac{n(n-1)\cdot(n-2)\cdot\ldots\cdot[n-(k-1)]}{1\cdot 2\cdot 3\cdot\ldots\cdot k} = \frac{n!}{k!(n-k)!}$ $(0 < k \leq n)$

b) $\binom{8}{3} = \frac{8!}{3!\cdot 5!} = 56$ $\binom{15}{13} = \frac{15!}{13!\cdot 2!} = 105$ $\binom{34}{0} = \frac{34!}{34!} = 1$

2 a) $P(k\text{ Erfolge}) = \binom{n}{k}\cdot p^k\cdot(1-p)^{n-k}$ b) $P(3\text{ Erfolge}) = \binom{4}{3}\cdot 0{,}7^3\cdot(1-0{,}7)^{4-3} = 0{,}4116$

3 a) 84 b) 45 c) 16 d) 1

e) $\frac{(n^2-1)n}{6}$ f) $\binom{2n}{2} = 2n^2 - n$ g) $\binom{n+9}{1} = n + 9$ h) 105 000

4

	Bernoulli-Versuch	Ergebnismenge
a)	**ja**	**Ω = {Wappen; Zahl}**
b)	**nein**	**Ω = {1; 2; 3}**
c)	**ja**	**Ω = {weiblich; männlich}**
d)	**nein**	**Ω = {verschiedene Maße sind möglich}**
e)	**ja**	**Ω = {Karo; Pik; Herz; Kreuz}**

5

	P(Erfolg)	P(Misserfolg)
a)	**P = 0,5**	**P = 0,5**
b)	**P = 0,125**	**P = 0,875**
c)	**P = 0,375**	**P = 0,625**

Seite 56

6

	Erfolg	Misserfolg	n	p	1 – p
a)	Fallen von „Zahl“	**Fallen von „Wappen“**	**5**	**0,5**	**0,5**
b)	**Fallen von 6**	Fallen von 1; 2; 3; 4 oder 5	**3**	$\frac{1}{6}$	$\frac{5}{6}$
c)	Ziehen einer schwarzen Kugel	**Ziehen einer weißen oder roten Kugel**	**6**	$\frac{1}{3}$	$\frac{2}{3}$

7 $P = \binom{5}{1} \cdot 0{,}08^1 \cdot (1 - 0{,}08)^{5-1} = 0{,}286$

8 a) $P = \binom{10}{7} \cdot 0{,}8^7 \cdot (1 - 0{,}8)^{10-7} = 0{,}2013$ b) $P = \binom{30}{21} \cdot 0{,}8^{21} \cdot (1 - 0{,}8)^{30-21} = 0{,}0676$

9 a) $P(4\text{ Erfolge}) = \binom{8}{4} \cdot 0{,}4^4 \cdot (1 - 0{,}4)^{8-4} = 0{,}2322$

b) P(höchstens 3 Erfolge) = P(0) + P(1) + P(2) + P(3) = 0,5941

$P(0) = \binom{8}{0} \cdot 0{,}4^0 \cdot 0{,}6^8 = 0{,}0168$ $P(1) = \binom{8}{1} \cdot 0{,}4^1 \cdot 0{,}6^7 = 0{,}0896$

$P(2) = \binom{8}{2} \cdot 0{,}4^2 \cdot 0{,}6^6 = 0{,}2090$ $P(3) = \binom{8}{3} \cdot 0{,}4^3 \cdot 0{,}6^5 = 0{,}2787$

10 a) $P(0) = \binom{20}{0} \cdot 0{,}1^0 \cdot (1 - 0{,}1)^{20-0} = 0{,}1216$ b) $P(1) = \binom{20}{1} \cdot 0{,}1^1 \cdot (1 - 0{,}1)^{20-1} = 0{,}2702$

c) P(mind. 2) = 1 – P(0) – P(1) = 0,6083

11 a) $P(10) = \binom{10}{10} \cdot 0{,}8^{10} \cdot (1 - 0{,}8)^{10-10} = 0{,}1074$

b) P(mind. 8) = P(8) + P(9) + P(10) = 0,3020 + 0,2684 + 0,1074 = 0,6778

12 a) $P(4\text{ rote K.}) = \binom{10}{4} \cdot 0{,}4^4 \cdot 0{,}6^{10-4} = 0{,}2508$

b) P(höchstens 3) = P(0) + P(1) + P(2) + P(3) = 0,3823

$P(0) = \binom{10}{0} \cdot 0{,}4^0 \cdot 0{,}6^{10} = 0{,}00604$ $P(1) = \binom{10}{1} \cdot 0{,}4^1 \cdot 0{,}6^9 = 0{,}0403$

$P(2) = \binom{10}{2} \cdot 0{,}4^2 \cdot 0{,}6^8 = 0{,}1209$ $P(3) = \binom{10}{3} \cdot 0{,}4^3 \cdot 0{,}6^7 = 0{,}2150$

c) P(mind. 3) = P(3) + P(4) + P(5) = 0,3174

$P(3) = \binom{5}{3} \cdot 0{,}4^3 \cdot 0{,}6^2 = 0{,}2304$ $P(4) = \binom{5}{4} \cdot 0{,}4^4 \cdot 0{,}6 = 0{,}0768$ $P(5) = \binom{5}{5} \cdot 0{,}4^5 = 0{,}0102$

13 a) Erwartungswert $E(X) = \mu = n \cdot p$

Varianz $s^2 = n \cdot p \cdot (1 - p)$

Standardabweichung $s = \sqrt{n \cdot p \cdot (1 - p)}$

b) $E(X) = 150 \cdot \frac{1}{8} = 18{,}75$

$s = \sqrt{150 \cdot \frac{1}{8} \cdot \frac{7}{8}} \approx 4{,}05$

14 $E(X) = n \cdot p = 20 \cdot 0{,}15 = 3 \Rightarrow$ 3 ungenau abgefüllte Flaschen

$s^2 = n \cdot p \cdot (1 - p) = 20 \cdot 0{,}15(1 - 0{,}15) = 2{,}55$ $s \approx 1{,}6$

15 a) $E(X) = n \cdot p = 50 \cdot 0{,}05 = 2{,}5$ $s = \sqrt{50 \cdot 0{,}05 \cdot 0{,}95} \approx 1{,}54$

b) $E(X) = n \cdot p_1 \cdot 0{,}60\text{ €} - n \cdot p_2 \cdot 0{,}80\text{ €}$, also $E(X) = 45\,000(0{,}95 \cdot 0{,}60\text{ €} - 0{,}05 \cdot 0{,}80\text{ €}) = 23\,850\text{ €}$ Gewinn